高校入試 近道問題 03 関数とグラフ

この本の特色

① **コンパクトな問題集**

入試対策として必要な単元・項目を短期間で学習できるよう，コンパクトにまとめた問題集です。直前対策としてばかりではなく，自分の弱点を見つけ出す診断材料としても活用できるようになっています。

② **豊富なデータ**

英俊社の「高校別入試対策シリーズ」「公立高校入試対策シリーズ」を中心に豊富な入試問題から問題を厳選してあります。

③ **見やすい紙面**

紙面の見やすさを重視して，ゆったりと問題を配列し，途中の計算等を書き込むスペースをできる限り設けています。

④ **詳しい解説**

別冊の解答・解説には，多くの問題について詳しい解説を掲載しています。間違えてしまった問題や解けなかった問題は，解説をよく読んで，しっかりと内容を理解しておきましょう。

この本の内容

1 比例と反比例

1 次の問いに答えなさい。

(1) y は x に比例し，$x = -3$ のとき，$y = 18$ である。$x = \dfrac{1}{2}$ のときの y の

値を求めなさい。（　　　　　）

（青森県）

(2) y は x に反比例し，$x = 3$ のとき $y = 2$ である。このとき，y を x の式で

表しなさい。（　　　　　）

（石川県）

(3) y は x に反比例し，$x = 4$ のとき，$y = 8$ である。$x = 2$ のとき，y の値を

求めなさい。（　　　　　）

（長崎県）

2 次の①～⑤のうち，y が x に比例するものには A を，y が x に反比例するも

のには B を，それ以外のものには C を解答欄に記入しなさい。　（西南学院高）

① 底辺 $8\,\mathrm{cm}$，高さ $x\,\mathrm{cm}$ の三角形の面積 $y\,\mathrm{cm}^2$ （　　　　　）

② 1 辺の長さ $x\,\mathrm{cm}$ の立方体の表面積 $y\,\mathrm{cm}^2$ （　　　　　）

③ 縦の長さ $x\,\mathrm{cm}$，面積 $25\mathrm{cm}^2$ の長方形の横の長さ $y\,\mathrm{cm}$ （　　　　　）

④ 縦の長さ $x\,\mathrm{cm}$，横の長さ $5\,\mathrm{cm}$ の長方形の周の長さ $y\,\mathrm{cm}$ （　　　　　）

⑤ $400\mathrm{m}$ の道のりを，分速 $x\,\mathrm{m}$ で進むときにかかる時間 y 分 （　　　　　）

3 関数 $y = \dfrac{6}{x}$ について述べた次のア～エの中から，誤っているものを 1 つ選

び，その記号を書きなさい。（　　　　　）

（埼玉県）

ア　この関数のグラフは，点 $(2, 3)$ を通る。

イ　この関数のグラフは，原点を対称の中心として点対称である。

ウ　$x < 0$ の範囲で，変化の割合は一定である。

エ　$x < 0$ の範囲で，x の値が増加するとき，y の値は減少する。

4 関数 $y = \dfrac{24}{x}$ のグラフ上で，x 座標，y 座標がともに負の整数である点は全部で何個あるか求めなさい。（　　　　個）　　　　　　　　　　　（京都橘高）

5 y は x に反比例し，x の変域が $3 \leqq x \leqq 8$ のとき y の変域は $2 \leqq y \leqq b$ である。このとき，b の値を求めなさい。（　　　　　　）　　　　　　　　（比叡山高）

6 右の図のように，$y = \dfrac{5}{2}x$ のグラフと $y = \dfrac{a}{x}$ のグラフが 2 点 P，Q で交わっている。点 P の y 座標が 5 であるとき，次の問いに答えなさい。

（平安女学院高）

(1) 点 Q の座標を求めなさい。（　　　　　　）

(2) a の値を求めなさい。（　　　　　　）

7 $a > 0$ とする。右の図のように $y = \dfrac{a}{x}$ のグラフ上に点をとり，それを頂点の 1 つとして，対角線の 1 つが直線 $y = \dfrac{2}{3}x$ に重なるように長方形を作る。ただし，長方形の 2 辺は x 軸に平行，残りの 2 辺は y 軸に平行であり，2 つの対角線は原点 O で交わっている。この長方形の周の長さが 40 であるとき，a の値を求めなさい。（　　　　　　）　　　　　　　　（京都市立堀川高）

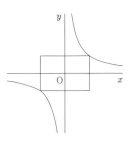

2 1次関数とグラフ 近道問題

1 次の問いに答えなさい。

(1) 傾きが $-\dfrac{1}{3}$ で,点 $(-3, 3)$ を通る直線の式を求めなさい。(　　　　　)

（福岡工大附城東高）

(2) 直線 $y = -2x + 5$ に平行で,点 $(-3, 6)$ を通る直線の式を求めなさい。

(　　　　　)（日ノ本学園高）

(3) 2点 $(-2, 5)$, $(-3, 7)$ を通る直線の式を求めなさい。(　　　　　)

（ノートルダム女学院高）

2 次の問いに答えなさい。

(1) 関数 $y = -2x + 1$ について,x の変域が $-1 \leqq x \leqq 3$ のときの y の変域を求めなさい。(　　　　　)

（栃木県）

(2) 1次関数 $y = ax + b$ の x の変域が $-2 \leqq x \leqq 3$ であるとき,y の変域が $-3 \leqq y \leqq 7$ となるような定数 a, b の値を求めなさい。ただし,$a < 0$ であるとする。$a = ($　　　　　$)$　$b = ($　　　　　$)$

（初芝立命館高）

3 次の問いに答えなさい。

(1) 2直線 $y = -3x + a$ と $y = -4x + 8$ が x 軸上で交わるとき,a の値を求めなさい。(　　　　　)

（天理高）

(2) 2直線 $y = 3x - 5$, $y = -2x + 5$ の交点の座標を求めなさい。

(　　　　　)（愛知県）

(3) 2直線 $y = x + a$, $y = ax - b$ の交点の座標が $(6, b)$ であるとき，a, b の値をそれぞれ求めなさい。$a = ($ 　　　　 $)$ 　 $b = ($ 　　　　 $)$ 　（上宮高）

(4) 3点 $(4, 4)$, $(1, 2)$, $(-8, a - 2)$ が一直線上にあるとき，a の値を求めなさい。（　　　　）　　　　　　　　　　　　　　（和歌山信愛高）

(5) 3つの直線 $y = 2x - 4$, $y = -x + 8$, $y = ax + 1$ がある。これらの直線で三角形を作ることができないような定数 a の値をすべて求めなさい。
（　　　　）（帝塚山学院泉ヶ丘高）

4 気温は，高度が100m増すごとに0.6℃ずつ低くなる。地上の気温が7.6℃のとき，地上から2000m上空の気温は何℃か求めなさい。（　　　　℃）
（愛媛県）

5 一次関数 $y = -\dfrac{4}{5}x + 4$ のグラフをかきなさい。
（京都府）

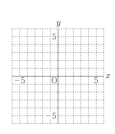

6 　a を正の定数とし，b, c を0でない定数とします。右の図において，直線 ℓ の式を $ax + by = c$ と表すとき，b, c の説明として正しいものを下の**ア〜エ**から選びなさい。（　　　　）　　　　　（仁川学院高）

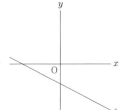

ア 　b は正の数，c は正の数
イ 　b は正の数，c は負の数
ウ 　b は負の数，c は正の数
エ 　b は負の数，c は負の数

3 2次関数とグラフ 近道問題

1 次の問いに答えなさい。

(1) y は x の2乗に比例し，$x = 6$ のとき $y = -18$ である。このとき，y を x の式で表しなさい。（　　　　　）　　　　　　　　　　　　（興國高）

(2) y は x の2乗に比例し，$x = 2$ のとき，$y = -8$ である。$x = 3$ のときの y の値を求めなさい。（　　　　　）　　　　　　　　　　　（精華女高）

(3) 関数 $y = -\dfrac{1}{4}x^2$ について，x の値が -3 から 7 まで増加するときの変化の割合を求めなさい。（　　　　　）　　　　　　　　　　　（国立高専）

(4) 関数 $y = 3x^2$ について，x の変域が $-4 \leqq x \leqq 3$ のとき，y の変域を求めなさい。（　　　　　　　）　　　　　　　　　　　　（大阪青凌高）

(5) 関数 $y = ax^2$ について，x の変域が $-4 \leqq x \leqq 6$ のとき，y の変域が $-27 \leqq y \leqq b$ となるような，定数 a，b の値を求めなさい。
　　$a = ($　　　　　$)$　　$b = ($　　　　　$)$　　　　　　　　　（三田学園高）

(6) 関数 $y = ax^2$ において，x の変域が $-2 \leqq x \leqq 3$ のとき，y の変域が $-3 \leqq y \leqq 0$ である。このとき，a の値を求めなさい。（　　　　　）　　（秋田県）

2 関数 $y = ax^2$ のグラフが点 $(6, 12)$ を通っている。このとき，次の(1), (2)に答えなさい。 (鳥取県)

(1) a の値を求めなさい。（　　　　　）

(2) x の変域が $-4 \leqq x \leqq 2$ のとき，y の変域を求めなさい。

（　　　　　　）

3 次のア〜オのうち，関数 $y = 2x^2$ について述べた文として正しいものをすべて選び，記号で答えなさい。（　　　　　） (群馬県)

ア　この関数のグラフは，原点を通る。

イ　$x > 0$ のとき，x が増加すると y は減少する。

ウ　この関数のグラフは，x 軸について対称である。

エ　x の変域が $-1 \leqq x \leqq 2$ のとき，y の変域は $0 \leqq y \leqq 8$ である。

オ　x の値がどの値からどの値まで増加するかにかかわらず，変化の割合は常に 2 である。

4 次の問いに答えなさい。

(1) 関数 $y = 3x^2$ について，x の値が -1 から 2 まで変わるときの変化の割合が，関数 $y = ax + 3$ の傾きと等しくなった。このとき，a の値を求めなさい。（　　　　） (東福岡高)

(2) 関数 $y = 5x^2$ について，x の値が p から $p + 2$ まで増加するときの変化の割合が 20 となった。このとき，p の値を求めなさい。（　　　　） (早稲田摂陵高)

(3) 2つの関数 $y = 2x^2$ と $y = -8x + 5$ について，x の値が a から $a + 2$ まで増加するとき，変化の割合が等しくなった。このとき，a の値を求めなさい。（　　　　） (東山高)

5 1往復するのに x 秒かかるふりこの長さを y m とすると，$y = \dfrac{1}{4}x^2$ という関係が成り立つものとする。長さ 1 m のふりこは，長さ 9 m のふりこが 1 往復する間に何往復するか，求めなさい。

（　　　　　　往復）（徳島県）

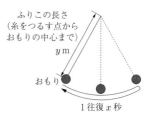

ふりこの長さ
（糸をつるす点から
おもりの中心まで）
y m

おもり

1往復 x 秒

6 次の図のように，長い斜面にボールをそっと置いたところ，ボールは斜面に沿って転がり始めた。ボールが斜面上にあるとき，転がり始めてから x 秒後までにボールが進んだ距離を y m とすると，x と y の間には，$y = \dfrac{1}{2}x^2$ という関係が成り立っていることが分かった。

この関数について，x の値が 1 から 3 まで増加するときの変化の割合を調べて分かることとして，次のア～エのうち正しいものを 1 つ選び，記号で答えなさい。（　　　）

（群馬県）

ア　変化の割合は $\dfrac{1}{2}$ なので，1秒後から3秒後までの間にボールが進んだ距離は $\dfrac{1}{2}$ m である。

イ　変化の割合は $\dfrac{1}{2}$ なので，1秒後から3秒後までの間のボールの平均の速さは秒速 $\dfrac{1}{2}$ m である。

ウ　変化の割合は 2 なので，1秒後から3秒後までの間にボールが進んだ距離は 2 m である。

エ　変化の割合は 2 なので，1秒後から3秒後までの間のボールの平均の速さは秒速 2 m である。

7 右の図で，⑦は関数 $y = \dfrac{1}{3}x^2$，④は関数 $y = -\dfrac{1}{2}x^2$

のグラフである。2点 A，B は②上の点で x 座標がそれ

ぞれ -4，2である。次の問いに答えなさい。ただし，座

標軸の単位の長さを1cmとする。 (青森県)

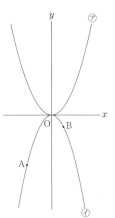

(1) ⑦の関数 $y = \dfrac{1}{3}x^2$ について，x の変域が $-3 \leqq x$

$\leqq 1$ のとき，y の変域を求めなさい。(　　　　)

(2) 直線 AB の式を求めなさい。(　　　　)

(3) ⑦上に x 座標が正である点 P をとる。また，点 P を通り，x 軸と平行な直
線を引いたとき，y 軸との交点を C とする。点 P の x 座標を t としたとき，
次の①，②に答えなさい。

① 点 P の y 座標を t を用いて表しなさい。(　　　　)

② OC + CP = 18cm であるとき，点 P の座標を求めなさい。(　　　　)

8 右の図のように，関数 $y = ax^2$ (a は正の定
数)……①のグラフがあります。点 O は原点とし
ます。次の問いに答えなさい。 (北海道)

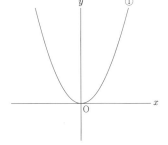

(1) $a = 4$ とします。①のグラフと x 軸につい
て対称なグラフを表す関数の式を求めなさい。

(　　　　)

(2) ①について，x の変域が $-2 \leqq x \leqq 3$ のとき，y の変域が $0 \leqq y \leqq 18$ とな
ります。このとき，a の値を求めなさい。(　　　　)

(3) $a = 1$ とします。①のグラフ上に2点 A，B を，点 A の x 座標を2，点 B
の x 座標を3となるようにとります。y 軸上に点 C をとります。線分 AC と
線分 BC の長さの和が最も小さくなるとき，点 C の座標を求めなさい。

(　　　　)

4 放物線と直線

1 右の図において，m は関数 $y = ax^2$ のグラフを表す。A，B は m 上の点であり，A の x 座標は 3，B の x 座標は -6 である。ℓ は 2 点 A，B を通る直線であり，その傾きは -2 である。a の値を求めなさい。（　　　　）　　　　（大阪学芸高）

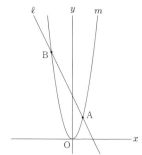

2 右の図で，2 点 A，B は関数 $y = x^2$ のグラフ上の点であり，点 A の x 座標は -3，点 B の x 座標は 2 である。直線 AB と x 軸との交点を C とする。

このとき，点 C の座標を求めなさい。

（　　　　　　）（茨城県）

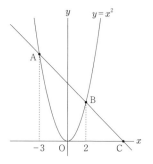

3 右の図のように，2 つの放物線①，②があり，放物線①は関数 $y = -\dfrac{1}{2}x^2$ のグラフである。また，放物線①上にある点 A の x 座標は 4 であり，直線 AO と放物線②の交点 B の x 座標は -3 である。

このとき，放物線②をグラフとする関数の式を求めなさい。（　　　　　　）　　　　（山口県）

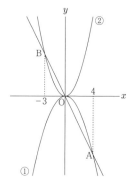

4 右の図のように，放物線 $y = 2x^2$ のグラフがあります。また，放物線上の点 A の x 座標を -2，点 B の x 座標を 1 とします。次の問いに答えなさい。 (精華高)

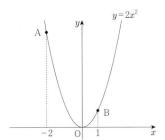

(1) 2 点 A，B の y 座標を求めなさい。

A (　　　　) B (　　　　)

(2) 2 点 O，B を結ぶ直線の傾きを求めなさい。(　　　　)

(3) 点 A を通り，直線 OB に平行な直線の方程式を求めなさい。(　　　　)

5 右の図のように，関数 $y = x^2$ のグラフ上に，2 点 A，B があり，点 A の x 座標は -1，点 B の x 座標は 2 である。また，関数 $y = ax^2$ $(a < 0)$ のグラフ上に 2 点 C，D があり，線分 BD は y 軸に平行，AB ∥ CD であるとき，次の問いに答えなさい。

(宜真高)

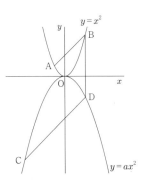

(1) 直線 AB の式を求めなさい。(　　　　)

(2) C の x 座標が -4 であるとき，a の値を求めなさい。(　　　　)

6 右の図において，ℓ は関数 $y = \dfrac{1}{2}x$，m は関数 $y = \dfrac{1}{2}x^2$，n は関数 $y = -\dfrac{1}{5}x^2$ のグラフをそれぞれ表す。A は m 上の点であり，その x 座標は 1 より大きい。B は n 上の点であり，B の x 座標は A の x 座標と等しい。A と B とを結ぶ。C は線分 AB と ℓ との交点であり，AC = CB である。A の x 座標を求めなさい。

（　　　　　）（大阪府）

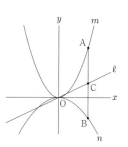

7 右の図は，2 つの関数 $y = ax^2$ $(a > 0)$，$y = -\dfrac{4}{x}$ のグラフである。それぞれのグラフ上の，x 座標が 1 である点を A，B とし，x 座標が 4 である点を C，D とする。AB : CD = 1 : 7 となるとき，a の値を求めなさい。（　　　　　）（栃木県）

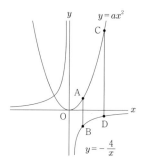

8 放物線 $y = x^2$ 上に直線 PQ の傾きが 1 となるような 2 点 P，Q をとります。ただし点 P の x 座標は点 Q の x 座標より小さいものとします。次の問いに答えなさい。（百合学院高）

(1) 点 P の x 座標が -1 であるとき，点 P の y 座標を求めなさい。（　　　　　）

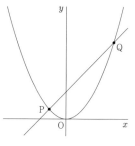

(2) (1)のとき，点 Q の座標を求めなさい。（　　　　　　　）

(3) 2 点 P，Q の x 座標の差が 5 であるとき，点 P の x 座標を求めなさい。

（　　　　　）

9 右の図のように，関数 $y = x^2$ のグラフ上に
点 A $(2, 4)$，y 軸上に y 座標が 4 より大きい範
囲で動く点 B があります。点 B を通り x 軸に
平行な直線と，関数 $y = x^2$ のグラフとの 2 つ
の交点のうち，x 座標が小さい方を C，大きい
方を D とします。また，直線 CA と x 軸との交
点を E とします。　　　　　　　　（広島県）

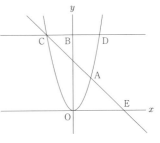

(1) 点 E の x 座標が 5 となるとき，△AOE の面積を求めなさい。

（　　　　　　）

(2) CA = AE となるとき，直線 DE の傾きを求めなさい。（　　　　　　）

10 右の図において，曲線①は関数 $y = ax^2$ の
グラフを表している。2 点 A，B はいずれも曲
線①上にあり，点 A の座標は $(-2, 1)$，点 B
の x 座標は 4 である。また，x 軸上の $4 \leqq x$ の
範囲に点 P $(t, 0)$ をとり，点 P を通って y 軸
に平行な直線を②とし，直線②と曲線①との交
点を Q，直線②と直線 AB との交点を R とす
る。次の問いに答えなさい。　　　　（天理高）

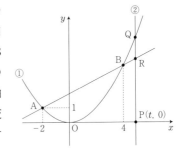

(1) a の値を求めなさい。（　　　　　　）

(2) 点 B の y 座標を求めなさい。（　　　　　　）

(3) 直線 AB の式を求めなさい。（　　　　　　）

(4) 線分 PQ の長さが線分 PR の長さの $\dfrac{9}{2}$ 倍になるとき，t の値を求めなさい。

（　　　　　　）

11 放物線 $y = \dfrac{1}{2}x^2$……①上に3点A, B, Cがあ

ります。点A, Cの x 座標はそれぞれ－2, 8であ

り, 点AとBの y 座標が等しいとき, 次の問いに

答えなさい。 (関西大学北陽高)

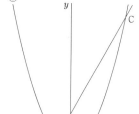

(1) 点Bの座標を求めなさい。( )

(2) 直線ACの方程式を求めなさい。( )

(3) x 座標と y 座標がともに整数となる点を格子点と呼びます。放物線①と直
線AC, および直線ABに囲まれた図形の中に格子点はいくつあるかを求め
なさい。ただし, 放物線と直線上の点も含むものとします。(個)

12 右の図のように, 関数 $y = x^2$ のグラフ上に2

点A, Bがあり, それぞれの x 座標は1, 3であ

る。また, 関数 $y = \dfrac{1}{3}x^2$ のグラフ上に点Cがあ

り, x 座標は負である。 (富山県)

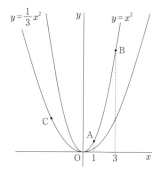

(1) 関数 $y = x^2$ について, x の変域が $-1 \leqq x$
$\leqq 3$ のときの y の変域を求めなさい。
( )

(2) 直線ABの式を求めなさい。( )

(3) 線分ABを, 点Aを点Cに移すように, 平行移動した線分を線分CDと
するとき, 点Dの x 座標は－1であった。このとき, 点Dの y 座標を求め
なさい。( )

13 右の図において, 放物線①, ②はそれ
ぞれ関数 $y = ax^2$ $(a > 0)$, $y = bx^2$ $(b > 0)$ のグラフである。直線 $x = p$ $(p > 0)$ と x 軸および放物線①, ②との交
点をそれぞれ P, A, B とし, 直線 $x = p + 1$ と放物線①, ②との交点をそれ
ぞれ C, D とする。AP = AB, CD = 2AB となるとき, 次の問いに答えなさ
い。 (光泉カトリック高)

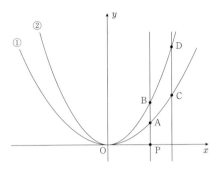

(1) b を a を用いて表しなさい。(   )

(2) p の値を求めなさい。(   )

14 右の図のように, $y = x^2$……①の
グラフと $y = x + 2$……②のグラフ
の交点を x 座標の大きい方から A,
B とする。AB の中点を M とし, M
を通り②とは異なる直線を ℓ とする。
ℓ と①のグラフとの交点を x 座標の
小さい方から C, D とし, ℓ と y 軸
との交点を L, CD の中点を N とす
る。L が MN の中点になっていると
き, 次の問いに答えなさい。(洛南高)

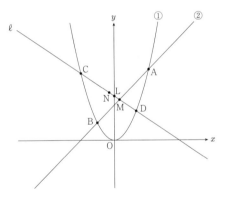

(1) A, B の座標をそれぞれ求めなさい。A (   )　B (   )

(2) N の x 座標を求めなさい。(   )

(3) C の x 座標を t とする。D の x 座標を t を用いて表しなさい。
(   )

(4) ℓ の方程式を求めなさい。(   )

5 グラフと平面図形

近道問題

1 右の図のように，2つの直線 $y = ax - 9$，$y = \dfrac{3}{4}x$ と直線 $y = 9$ の交点をそれぞれ P，Q とする。また，2つの直線の交点を R (4, 3) とするとき，次の問い に答えなさい。 (奈良大附高)

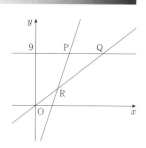

(1) a の値を求めなさい。(   )

(2) 点 Q の座標を求めなさい。(   )

(3) △PQR の面積を求めなさい。(   )

2 右図のように，直線① $y = 2x - 3$ と直線② $y = -x + 5$ がある。直線①と x 軸，直線②と y 軸との 交点をそれぞれ A，B とするとき，次の問いに答え なさい。ただし，原点を O とする。 (太成学院大高)

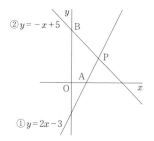

(1) 2直線の交点 P の座標を求めなさい。

(   )

(2) A，B の座標を求めなさい。A (   ) B (   )

(3) 四角形 OAPB の面積を求めなさい。(   )

3 直線 $y = x + 1$ 上の点 P に対して，正方形 PQRS を図のようにつくる。点 S の x 座標が 5 となるとき，P の座標を求めなさい。

（　　　　　）（太成学院大高）

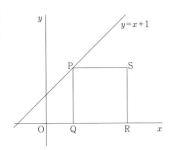

4 右の図のように，x 軸，直線 FE，直線 OE 上に 4 点 A，B，C，D をとり，長方形 ABCD を作ります。点 E を $(3, 6)$，直線 CE と y 軸との交点 G を $(0, 8)$，点 A の x 座標を a とします。このとき，次の問いに答えなさい。 （芦屋学園高）

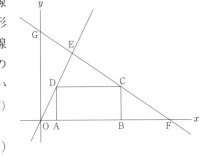

(1) 直線 CE の式を求めなさい。

（　　　　　）

(2) 点 C の座標を a で表しなさい。（　　　　　）

(3) 長方形 ABCD の面積が 18 になるとき，a の値を求めなさい。

（　　　　　）

5 右の図のように, $y = x^2$ と $y = 2x + 3$ のグラフが 2 点 A, B で交わっている。このとき, 次の問いに答えなさい。 (英真学園高)

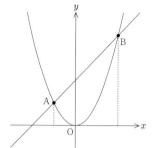

(1) 点 A, 点 B の y 座標をそれぞれ求めなさい。

点 A (　　　　) 点 B (　　　　)

(2) $y = x^2$ において, x の値が 1 から 3 まで増加するとき, 変化の割合を求めなさい。(　　　　)

(3) 放物線 $y = x^2$ 上に点 P をとる。点 P の座標を $(1, 1)$ としたとき, △PAB の面積を求めなさい。(　　　　)

6 右の図のように関数 $y = x^2$ のグラフ上に 2 点 A, B があり, 点 A, B の x 座標はそれぞれ -1, 4 である。また, y 軸上に y 座標が -2 である点 C をとる。次の問いに答えなさい。 (関大第一高)

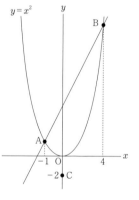

(1) 直線 AB の式を求めなさい。(　　　　)

(2) △ABC の面積を求めなさい。(　　　　)

(3) 点 C を通る直線 ℓ が △ABC の面積を 2 等分するとき, 直線 ℓ の式を求めなさい。(　　　　)

7 右の図のように，関数 $y = \dfrac{1}{2}x^2$ のグラフがある。

点 A の x 座標は 4 であり，点 B の x 座標は -2 である。このとき，次の問いに答えなさい。（京都光華高）

(1) 点 A の座標を求めなさい。（　　　　）

(2) △PBO と△ABO の面積が同じになるように，関数 $y = \dfrac{1}{2}x^2$ 上に点 P をとる。このとき，点 P の座標を求めなさい。（　　　　）

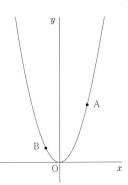

8 右の図のように，関数 $y = x^2 \cdots\cdots$ ① のグラフ上に 3 点 A，B，C がある。点 A，B，C の x 座標をそれぞれ -2，-1，2 とする。　　　（九州国際大付高）

(1) 直線 BC の式を求めなさい。

（　　　　）

(2) BC∥AD となるような点 D を①のグラフ上にとるとき，点 D の座標を求めなさい。（　　　　）

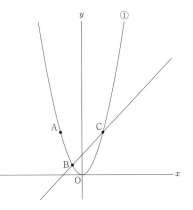

(3) (2)のとき，点 P を①のグラフ上にとったところ，△PAC と四角形 ABCD の面積が等しくなった。このとき，点 P の座標を求めなさい。ただし，点 P の x 座標は正とする。（　　　　）

9 右の図のように，2つの関数 $y = ax^2$（a は定数）……⑦，$y = -x + 1$……④のグラフがある。2点 A，B は関数⑦，④のグラフの交点で，A の y 座標は 3 で，A の x 座標は負であり，B の x 座標は A の x 座標より $\dfrac{8}{3}$ だけ大きい。点 C は関数⑦のグラフ上にあって，C の x 座標は 4 である。　　　　　（熊本県）

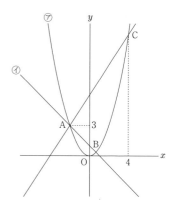

(1) a の値を求めなさい。（　　　　　）

(2) 直線 AC の式を求めなさい。（　　　　　）

(3) 関数⑦のグラフ上において 2 点 B，C の間に点 P を，直線 AC 上において点 Q を，直線 PQ が y 軸と平行になるようにとる。また，直線 PQ と関数④のグラフとの交点を R とする。PQ：PR ＝ 3：1 となるとき，

① 点 P の x 座標を求めなさい。（　　　　　）

② △ARC の面積は，△ABP の面積の何倍であるか，求めなさい。

（　　　　　倍）

10 右の図において，放物線①は関数 $y = \dfrac{3}{8}x^2$ の

グラフで，放物線②は関数 $y = -\dfrac{1}{8}x^2$ のグラ

フです。点 P，Q は放物線①上にあり，点 R，S
は放物線②上にあります。また，四角形 PQRS
の辺は x 軸，または y 軸と平行です。ただし，
点 P の x 座標は正とします。次の問いに答えな
さい。 　　　　　　　　　　　　　　（筑陽学園高）

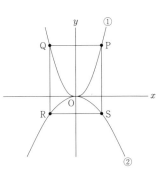

(1) 関数 $y = \dfrac{3}{8}x^2$ について，x の変域が $-4 \leqq x \leqq 8$ のときの y の変域を求
めなさい。（　　　　　　）

(2) 四角形 PQRS の周の長さが 45 のとき，点 P の x 座標を求めなさい。

（　　　　　　）

11 放物線 $y = ax^2$ と直線 $y = -\dfrac{3}{2}x + 6$ が 2

点 A，B で交わっている。点 A の y 座標が 12
であるとき，次の問いに答えなさい。

（関西学院高）

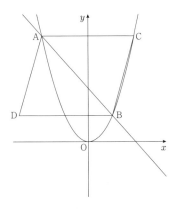

(1) a の値を求めなさい。（　　　　　　）

(2) 点 B の座標を求めなさい。（　　　　　　）

(3) x 軸に関して点 A と対称な点を A′ とする。点 A′ を通り，平行四辺形
ADBC の面積を二等分する直線の方程式を求めなさい。（　　　　　　）

12 右の図のように，①は直線 $y = 2x + 4$，② は直線 $y = -x + 4$，③は放物線 $y = ax^2$ のグラフであり，①と②の交点を A，①と x 軸の交点を B，②と x 軸の交点を C とする。△ABC に長方形 DEFG が内接するように4点 D，E，F，G をとる。点 D の x 座標を正とし，放物線③が点 E を通るとき，次の問いに答えなさい。 (大阪学院大高)

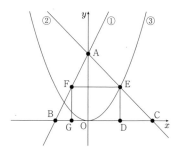

(1) 点 D の x 座標が2であるとき，長方形 DEFG の面積を求めなさい。

( )

(2) (1)のとき，a の値を求めなさい。( )

(3) 長方形 DEFG が正方形となるとき，点 D の x 座標を求めなさい。

( )

(4) △OAB と長方形 DEFG の面積が等しくなるとき，点 D の x 座標をすべて求めなさい。( )

13 関数 $y = \dfrac{4}{x}$ のグラフ上に2点A，Bがある。点Aの x 座標は -4 である。点Bは，x 座標が正で，x 軸と y 軸の両方に接している円の中心である。 (沖縄県)

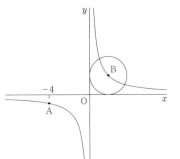

(1) 点Aの y 座標を求めなさい。

( )

(2) 点Bの座標を求めなさい。( )

(3) 2点A，Bを通る直線の式を求めなさい。( )

(4) 点Bを中心として x 軸と y 軸の両方に接している円の周上の点で，点Aから最も離れた位置にある点をPとする。線分APの長さを求めなさい。ただし，原点Oから点 $(0, 1)$，$(1, 0)$ までの長さを，それぞれ1cmとする。

(cm)

14 放物線 $y = x^2$ と直線 $\ell : y = x + 2$ が，図のように2点で交わっており，そのうち，x 座標が正の点をAとする。また，直線 ℓ と x 軸との交点をBとするとき，次の問いに答えなさい。

(香里ヌヴェール学院高)

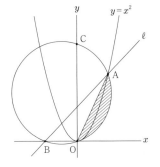

(1) 点A，Bの座標をそれぞれ求めなさい。

A ( )　B ( )

(2) ∠ABOの大きさを求めなさい。( )

(3) 点A，B，Oを通るような円を描く。この円と y 軸との交点をCとする。
　① 点Cの座標を求めなさい。( )
　② 直線AOと弧AOで囲まれた部分（図の斜線部）の面積を求めなさい。

( )

6 グラフと空間図形 近道問題

1 右の図のように，直線 $y = ax - 4$ と $y = -x + b$ が点 A $(3, 2)$ で交わっています。次の問いに答えなさい。 (平安女学院高)

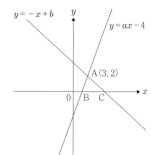

(1) b の値を求めなさい。(　　　　)

(2) 点 B の座標を求めなさい。(　　　　)

(3) 点 C を通り，△ABC の面積を 2 等分する直線の方程式を求めなさい。(　　　　)

(4) △ABC を x 軸のまわりに 1 回転してできる立体の体積を求めなさい。
(　　　　)

2 右の図のように，放物線 $y = ax^2$ と直線 $y = -x + 6$ のグラフが点 A，B で交わっている。点 A の x 座標が -2 であるとき，次の問いに答えなさい。 (大阪体育大学浪商高)

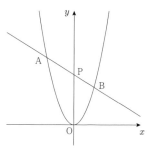

(1) a の値を求めなさい。(　　　　)

(2) 点 B の座標を求めなさい。(　　　　)

(3) 関数 $y = -x + 6$ と y 軸との交点を P とするとき，△OPB を y 軸を軸に 1 回転させてできる立体の体積を求めなさい。(　　　　)

3 右の図のように，$y = ax^2$……①のグラフと，x 軸に平行な直線 ℓ が，2 点 A，B で交わっています。また，①のグラフは点$(4, 8)$を通ります。このとき，次の問いに答えなさい。 (育英高)

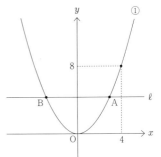

(1) a の値を求めなさい。( )

(2) △AOB が正三角形となるとき，点 A の座標を求めなさい。( )

(3) (2)のとき，△AOB の辺 AB を軸として，この三角形を 1 回転させてできる立体の体積を求めなさい。( )

4 右の図のように，関数 $y = ax^2$……①と関数 $y = bx + 3$……②が 2 点 A，B で交わっている。点 A の x 座標が -1，点 B の x 座標が 2 である。次の問いに答えなさい。 (神戸龍谷高)

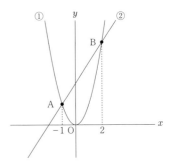

(1) a，b の値を求めなさい。

$a = ($) $b = ($)

(2) 点 P は関数①上の原点 O と点 B の間にある。△AOB と△APB の面積が等しくなるとき，点 P の座標を求めなさい。( )

(3) △AOB を x 軸のまわりに 1 回転させてできる立体の体積を求めなさい。

( )

5 右の図のように関数 $y = ax^2$ のグラフと直線 ℓ がある。関数 $y = ax^2$ のグラフ上に 2 点 A, B があり, 2 点 A, B から x 軸に引いた垂線と x 軸の交点をそれぞれ D, C とする。このとき, 四角形 ABCD は 1 辺の長さが 8 の正方形であった。また, 直線 ℓ と x 軸, 関数 $y = ax^2$ のグラフ, y 軸

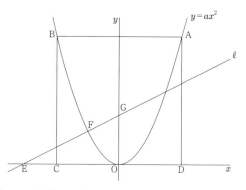

との交点をそれぞれ E, F, G とする。ただし, 点 F の x 座標の値は負である。このとき, 次の問いに答えなさい。

（阪南大学高）

(1) 点 A の x 座標を求めなさい。（　　　　　）

(2) a の値を求めなさい。（　　　　　）

(3) 点 E の x 座標が -6 であり, EF : FG = 2 : 1 であるとき, 直線 ℓ の式を求めなさい。（　　　　　）

(4) (3)のとき, 四角形 ABCD と三角形 EGO の重なっている部分を y 軸の周りに 1 回転させてできる立体の体積を求めなさい。（　　　　　）

6 右の図のように，関数 $y = \dfrac{1}{2}x^2 \cdots\cdots$ ⑦

のグラフ上に2点A，Bがあり，x 軸上に
2点C，Dがある。2点A，Cの x 座標は
ともに −2 であり，2点B，Dの x 座標は
ともに4である。このとき，次の問いに答
えなさい。 （三重県）

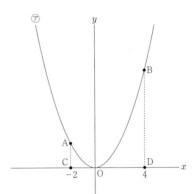

(1) 点Aの座標を求めなさい。

( )

(2) ⑦について，x の変域が $-3 \leqq x \leqq 2$ のときの y の変域を求めなさい。

( )

(3) 線分AB上に点Eをとり，四角形ACDEと△BDEをつくる。四角形
ACDEの面積と△BDEの面積の比が $2:1$ となるとき，点Eの座標を求め
なさい。（ ）

(4) 直線ABと y 軸の交点をFとし，四角形ACDFをつくる。四角形ACDF
を，x 軸を軸として1回転させてできる立体の体積を求めなさい。

( )

7 いろいろな事象と関数 近道問題

1 Aさんは，10時ちょうどにP地点を出発し，分速amでP地点から1800m
離れている図書館に向かった。10時20分にP地点から800m離れているQ地
点に到着し，止まって休んだ。10時30分にQ地点を出発し，分速amで図書
館に向かい，10時55分に図書館に到着した。

　次のグラフは，10時x分におけるP地点とAさんの距離をymとして，x
とyの関係を表したものである。

　このとき，あとの各問いに答えなさい。

　ただし，P地点と図書館は一直線上にあり，Q地点はP地点と図書館の間に
あるものとする。 (三重県)

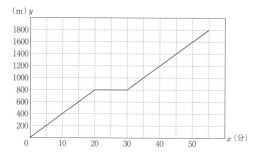

(1)　aの値を求めなさい。(　　　　　　)

(2)　Bさんは，AさんがP地点を出発してから10分後に図書館を出発し，止
まらずに一定の速さでP地点に向かい，10時55分にP地点に到着した。A
さんとBさんが出会ったあと，AさんとBさんの距離が1000mであるとき
の時刻を求めなさい。10時（　　　　　　）分

(3)　Cさんは，AさんがP地点を出発してから20分後にP地点を出発し，止
まらずに分速100mで図書館に向かった。CさんがAさんに追いついた時刻
を求めなさい。10時（　　　　　　）分

2 図1〜図3のように，ある斜面においてＡさ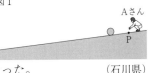
んがＰ地点からボールを転がした。ボールが転
がり始めてからx秒間にＰ地点から進んだ距離
をymとすると，xとyの関係は，$y = \dfrac{1}{4}x^2$になった。 （石川県）

(1) xの値が3倍になると，yの値は何倍になるか求めなさい。（　　　　倍）

(2) 図2のように，Ｐ地点から65m離れたとこ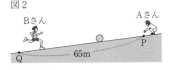
ろにＱ地点がある。ＡさんがＰ地点からボー
ルを転がすと同時に，ＢさんはＱ地点を出発
し，毎秒$\dfrac{7}{4}$mの速さで斜面を上り続けた。

　このとき，ボールとＢさんが出会うのは，ボールが転がり始めてから何秒
後か求めなさい。（　　　　秒後）

(3) 図3のように，ＡさんがＰ地点からボール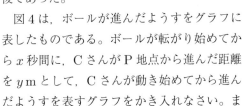
を転がしたあと，遅れてＣさんがＰ地点を出
発し，毎秒$\dfrac{15}{4}$mの速さで斜面を下り続けた。
Ｃさんはボールを追いこしたが，その後，ボー
ルに追いこされた。Ｃさんがボールに追いこ
されたのは，ボールが転がり始めてから10秒
後であった。

　図4は，ボールが進んだようすをグラフに
表したものである。ボールが転がり始めてか
らx秒間に，ＣさんがＰ地点から進んだ距離
をymとして，Ｃさんが動き始めてから進ん
だようすを表すグラフをかき入れなさい。ま
た，ＣさんがＰ地点を出発したのは，ボールが転がり始めてから何秒後か求
めなさい。（　　　　秒後）

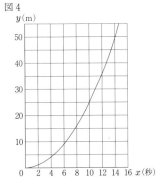

図4

3 図1のような，AB = 10cm，AD = 3 cm の長方形 ABCD がある。点 P は A から，点 Q は D から同時に動き出し，ともに毎秒 1 cm の速さで点 P は辺 AB 上を，点 Q は辺 DC 上を繰り返し往復する。ここで「辺 AB 上を繰り返し往復する」とは，辺 AB 上を A → B → A → B →…と一定の速さで動くことであり，「辺 DC 上を繰り返し往復する」とは，辺 DC 上を D → C → D → C →…と一定の速さで動くことである。

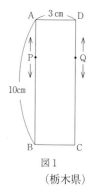

図1

（栃木県）

2 点 P，Q が動き出してから，x 秒後の △APQ の面積を y cm^2 とする。ただし，点 P が A にあるとき，$y = 0$ とする。

(1) 2 点 P，Q が動き出してから 6 秒後の △APQ の面積を求めなさい。

（   cm^2）

(2) 図 2 は，x と y の関係を表したグラフの一部である。2 点 P，Q が動き出して 10 秒後から 20 秒後までの，x と y の関係を式で表しなさい。

（   ）

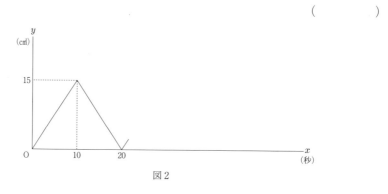

図2

(3) 点 R は A に，点 S は D にあり，それぞれ静止している。2 点 P，Q が動き出してから 10 秒後に，2 点 R，S は動き出し，ともに毎秒 0.5cm の速さで点 R は辺 AB 上を，点 S は辺 DC 上を，2 点 P，Q と同様に繰り返し往復する。このとき，2 点 P，Q が動き出してから t 秒後に，△APQ の面積と四角形 BCSR の面積が等しくなった。このような t の値のうち，小さい方から 3 番目の値を求めなさい。（   ）

4 大輔さんは，自分が住んでいるヒバリ市と，となりのリンドウ市の水道料金について調べた。下の表は，1か月当たりの基本料金と使用量ごとの料金を市ごとに表したものであり，下の図は，1か月間に水を $x\,\mathrm{m}^3$ 使用したときの水道料金を y 円として，2つの市において，x と y の関係をそれぞれグラフに表したものである。

なお，1か月当たりの水道料金は，

　（基本料金）＋（使用量ごとの料金）×（使用量）……㋐

で計算するものとする。

例えば，1か月間の水の使用量が $25\,\mathrm{m}^3$ のとき，ヒバリ市の水道料金は，$620 + 140 \times 10 + 170 \times 5 = 2870$（円），リンドウ市の水道料金は，$900 + 110 \times 25 = 3650$（円）となる。 （熊本県）

図 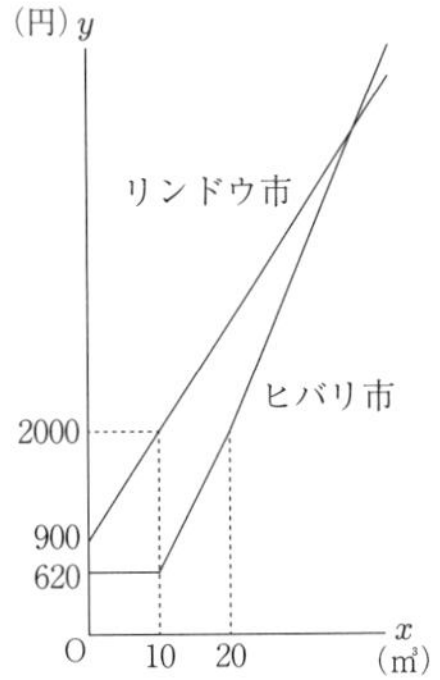
(円) y

リンドウ市

ヒバリ市

表	基本料金	使用量ごとの料金（1㎥につき）	
ヒバリ市	620 円	0㎥から10㎥まで	0円
		10㎥をこえて20㎥まで	140円
		20㎥をこえた分	170円
リンドウ市	900 円	110円	

(1) ヒバリ市とリンドウ市のそれぞれの市において1か月間に同じ量の水を使用したところ，それぞれの市における水道料金も等しくなった。このときの水道料金を求めなさい。（　　　　　円）

(2) 1か月当たりの基本料金を a 円，使用量ごとの料金を $1\,\mathrm{m}^3$ につき 80 円として，次の2つの条件をみたすように水道料金を設定するとき，a の値の範囲を求めなさい。なお，1か月当たりの水道料金は，㋐と同じ式で計算するものとする。（　　　　）

〈条件〉

　・1か月間の水の使用量が $10\,\mathrm{m}^3$ のとき，1か月当たりの水道料金が，ヒバリ市とリンドウ市のそれぞれの水道料金より高くなるようにする。

　・1か月間の水の使用量が $30\,\mathrm{m}^3$ のとき，1か月当たりの水道料金が，ヒバリ市とリンドウ市のそれぞれの水道料金より安くなるようにする。

解答・解説
近道問題

1 (1) -3 (2) $y = \dfrac{6}{x}$ (3) 16 **2** ① A ② C ③ B ④ C ⑤ B **3** ウ

4 8（個） **5** $\dfrac{16}{3}$ **6** (1) $(-2, -5)$ (2) 10 **7** 24

◇ **解説** ◇

1 (1) $y = ax$ として，$x = -3$，$y = 18$ を代入すると，$18 = -3a$ より，$a = -6$　よっ

て，$y = -6x$ に $x = \dfrac{1}{2}$ を代入して，$y = -6 \times \dfrac{1}{2} = -3$

(2) $y = \dfrac{a}{x}$ として，$x = 3$，$y = 2$ を代入すると，$2 = \dfrac{a}{3}$ より，$a = 6$　よって，$y = \dfrac{6}{x}$

(3) $y = \dfrac{a}{x}$ とすると，$8 = \dfrac{a}{4}$ より，$a = 32$　よって，$y = \dfrac{32}{2} = 16$

2 ① $y = \dfrac{1}{2} \times 8 \times x$ より，$y = 4x$　よって，比例。② $y = 6 \times x \times x$ より，$y = 6x^2$

よって，比例でも反比例でもない。③ $25 = x \times y$ より，$y = \dfrac{25}{x}$　よって，反比例。④

$y = 2(x + 5)$ より，$y = 2x + 10$　よって，比例でも反比例でもない。⑤ $400 = x \times y$

より，$y = \dfrac{400}{x}$　よって，反比例。

3 変化の割合は，関数上の2点を通る直線の傾きであり，反比例の場合はどの2点をとる

かで傾きは異なるので，変化の割合は一定ではない。

4 求める座標は，$(-1, -24)$，$(-2, -12)$，$(-3, -8)$，$(-4, -6)$，$(-6, -4)$，

$(-8, -3)$，$(-12, -2)$，$(-24, -1)$ の8個。

5 反比例の式を $y = \dfrac{a}{x}$ とおく。x と y の変域より，$x = 3$ のとき $y = b$，$x = 8$ のとき

$y = 2$ となる。$y = \dfrac{a}{x}$ に $x = 8$，$y = 2$ を代入して，$2 = \dfrac{a}{8}$ より，$a = 16$　$y = \dfrac{16}{x}$

に $x = 3$，$y = b$ を代入して，$b = \dfrac{16}{3}$

6 (1) 2点 P，Q は，原点 O について対称な位置にある。よって，点 Q の y 座標は -5 な

ので，$y = \dfrac{5}{2}x$ に代入して，$-5 = \dfrac{5}{2}x$ より，$x = -2$　したがって，Q $(-2, -5)$

(2) 点 Q は，$y = \dfrac{a}{x}$ のグラフ上にあるから，$-5 = \dfrac{a}{-2}$ より，$a = 10$

7 右図で，D は $y = \dfrac{2}{3}x$ 上の点だから，$D\left(t, \dfrac{2}{3}t\right)$ と

すると，$AD = 2t$，$DC = \dfrac{2}{3}t \times 2 = \dfrac{4}{3}t$　よって，長

方形 ABCD の周の長さについて，$\left(2t + \dfrac{4}{3}t\right) \times 2 =$

40 が成り立つ。$\dfrac{10}{3}t = 20$ となり，$t = 6$　したがって，

$D(6, 4)$ となるから，$a = 6 \times 4 = 24$

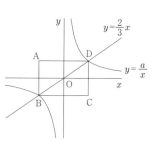

2．1次関数とグラフ

1 (1) $y = -\dfrac{1}{3}x + 2$　(2) $y = -2x$　(3) $y = -2x + 1$

2 (1) $-5 \leqq y \leqq 3$　(2) $(a =) -2$　$(b =) 3$

3 (1) 6　(2) $(2, 1)$　(3) $(a =) 3$　$(b =) 9$　(4) $(a =) -2$

(5) -1，$\dfrac{3}{4}$，2

4 -4.4（℃）　**5** （右図）　**6** イ

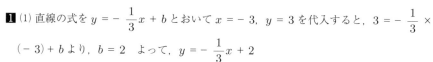

◇ 解説 ◇

1 (1) 直線の式を $y = -\dfrac{1}{3}x + b$ とおいて $x = -3$，$y = 3$ を代入すると，$3 = -\dfrac{1}{3} \times$

$(-3) + b$ より，$b = 2$　よって，$y = -\dfrac{1}{3}x + 2$

(2) 直線 $y = -2x + 5$ に平行なので，傾きは -2 だから，直線の式を $y = -2x + b$ とお

いて，$x = -3$，$y = 6$ を代入すると，$6 = -2 \times (-3) + b$ より，$b = 0$　よって，$y =$

$-2x$

(3) 直線の式を $y = ax + b$ として，この直線が通る 2 点の座標をそれぞれ代入すると，

$\begin{cases} 5 = -2a + b \\ 7 = -3a + b \end{cases}$ これを連立方程式として解くと，$a = -2$，$b = 1$ なので，求める直

線の式は，$y = -2x + 1$

2 (1) $y = -2x + 1$ に $x = -1$ を代入して，$y = -2 \times (-1) + 1 = 3$　$x = 3$ を代入し

て，$y = -2 \times 3 + 1 = -5$　よって，$-5 \leqq y \leqq 3$

(2) $a < 0$ より，1 次関数のグラフは，$(-2, 7)$，$(3, -3)$ を通るので，$y = ax + b$ に

$x = -2$，$y = 7$ を代入して，$7 = -2a + b$……①　$x = 3$，$y = -3$ を代入して，$-3 =$

$3a + b$……②　①，②を連立方程式として解いて，$a = -2$，$b = 3$

3 (1) $y = -4x + 8$ に $y = 0$ を代入して，$0 = -4x + 8$ より，$x = 2$　よって，2 直線は

x 軸上の $(2, 0)$ で交わる。$x = 2$，$y = 0$ を $y = -3x + a$ に代入して，$0 = -3 \times 2 +$

a より，$a = 6$

(2) 2式から y を消去して，$3x - 5 = -2x + 5$ より，$5x = 10$ なので，$x = 2$　よって，$y = 3 \times 2 - 5 = 1$ だから，交点の座標は，$(2, 1)$

(3) $y = x + a$ に $x = 6$，$y = b$ を代入して，$b = 6 + a$ より，$a - b = -6 \cdots\cdots$①，$y = ax - b$ に $x = 6$，$y = b$ を代入して，$b = 6a - b$ より，$3a - b = 0 \cdots\cdots$②　①，②を連立方程式として解いて，$a = 3$，$b = 9$

(4) A $(4, 4)$，B $(1, 2)$，C $(-8, a - 2)$ とすると，3点 A，B，C が一直線上にあるとき，AB と BC の傾きは等しくなるから，$\dfrac{2 - 4}{1 - 4} = \dfrac{(a - 2) - 2}{-8 - 1}$　よって，$\dfrac{2}{3} = -\dfrac{a - 4}{9}$ より，$a - 4 = -6$ だから，$a = -2$

(5) まず，2つの直線が平行になる，つまり傾きが等しくなると三角形は作れないから，$a = 2$，-1　また，$y = 2x - 4$ と $y = -x + 8$ の交点を $y = ax + 1$ が通るとき，3直線が1点で交わるので，三角形は作れない。$y = 2x - 4$ と $y = -x + 8$ を連立方程式として解くと，$x = 4$，$y = 4$　よって，$y = ax + 1$ に，$x = 4$，$y = 4$ を代入して，$4 = 4a + 1$ より，$a = \dfrac{3}{4}$

4 $2000 \div 100 = 20$ より，$0.6 \times 20 = 12$（℃）低くなるから，$7.6 - 12 = -4.4$（℃）

5 傾きが $-\dfrac{4}{5}$，切片が 4 の直線となる。

6 直線 ℓ の式を変形すると，$by = -ax + c$ より，$y = -\dfrac{a}{b}x + \dfrac{c}{b}$　グラフの傾きより，$-\dfrac{a}{b}$ が負の数になるので，a が正の定数なら，b も正の定数。また，グラフの切片より，$\dfrac{c}{b}$ が負の数になるので，b が正の定数なら，c は負の定数。よって，**イ**。

3. 2次関数とグラフ

1 (1) $y = -\dfrac{1}{2}x^2$　(2) -18　(3) -1　(4) $0 \leqq y \leqq 48$　(5) $(a =) -\dfrac{3}{4}$　$(b =) 0$

(6) $-\dfrac{1}{3}$

2 (1) $\dfrac{1}{3}$　(2) $0 \leqq y \leqq \dfrac{16}{3}$　**3** ア，エ　**4** (1) 3　(2) 1　(3) -3　**5** 3（往復）　**6** エ

7 (1) $0 \leqq y \leqq 3$　(2) $y = x - 4$　(3) ① $\dfrac{1}{3}t^2$　② $(6, 12)$

8 (1) $y = -4x^2$　(2) 2　(3) $(0, 6)$

◇ **解説** ◇

1 (1) $y = ax^2$ とおいて，$x = 6$，$y = -18$ を代入すると，$-18 = a \times 6^2$ より，$a = -\dfrac{1}{2}$

(2) $y = ax^2$ とおいて，$x = 2$，$y = -8$ を代入すると，$-8 = a \times 2^2$ より，$4a = -8$

よって，$a = -2$　$y = -2x^2$ に，$x = 3$ を代入して，$y = -2 \times 3^2 = -18$

(3) $y = -\dfrac{1}{4}x^2$ に $x = -3$ を代入して，$y = -\dfrac{1}{4} \times (-3)^2 = -\dfrac{9}{4}$，$x = 7$ を代入して，

$y = -\dfrac{1}{4} \times 7^2 = -\dfrac{49}{4}$　よって，求める変化の割合は，$\left\{ -\dfrac{49}{4} - \left(-\dfrac{9}{4} \right) \right\} \div \{7 -$

$(-3)\} = (-10) \div 10 = -1$

(4) $x = -4$ のとき y は最大で，$y = 3 \times (-4)^2 = 48$　$x = 0$ のとき y は最小で，$y = 0$

よって，$0 \leqq y \leqq 48$

(5) y の変域が負の範囲だから，$a < 0$ で，$y = ax^2$ のグラフは，$x = 0$ で最大値，$y =$

0 をとるから，$b = 0$　また，$x = 6$ のとき，$y = -27$ だから，$-27 = a \times 6^2$ より，

$36a = -27$　よって，$a = -\dfrac{3}{4}$

(6) y の最小値が -3 だから，a は負の数で，x の絶対値が大きいほど y の値は小さくなる

から，$x = 3$ のとき $y = -3$ とわかる。よって，$-3 = a \times 3^2$ より，$a = -\dfrac{1}{3}$

2 (1) $y = ax^2$ に $x = 6$，$y = 12$ を代入して，$12 = a \times 6^2$ より，$a = \dfrac{1}{3}$

(2) グラフは上に開いた放物線になるので，$x = 0$ のとき $y = 0$ で最小値をとり，$x = -4$

のとき，$y = \dfrac{1}{3} \times (-4)^2 = \dfrac{16}{3}$ で最大値をとる。よって，$0 \leqq y \leqq \dfrac{16}{3}$

3 ア．$x = 0$ のとき，$y = 2 \times 0^2 = 0$　イ．$x > 0$ のとき，x が増加すると y も増加する。

ウ．y 軸について対称。エ．$x = 0$ のとき $y = 0$ で最小，$x = 2$ のとき $y = 2 \times 2^2 = 8$

で最大。オ．変化の割合は一定にはならない。

4 (1) $y = 3x^2$ に，$x = -1$ を代入して，$y = 3 \times (-1)^2 = 3$　$x = 2$ を代入して，$y = 3$

$\times 2^2 = 12$　よって，$\dfrac{12 - 3}{2 - (-1)} = a$ が成り立つ。これを解いて，$a = 3$

(2) $x = p$ のとき，$y = 5 \times p^2 = 5p^2$　$x = p + 2$ のとき，$y = 5 \times (p + 2)^2 = 5(p^2 +$

$4p + 4) = 5p^2 + 20p + 20$　したがって，変化の割合は，$\dfrac{(5p^2 + 20p + 20) - 5p^2}{(p + 2) - p} =$

$\dfrac{20p + 20}{2} = 10p + 10$　これが 20 となるので，$10p + 10 = 20$ より，$10p = 10$ だから，

$p = 1$

(3) $y = 2x^2$ に $x = a$ を代入すると，$y = 2a^2$　また，$x = a + 2$ を代入すると，$y =$

$2(a + 2)^2 = 2(a^2 + 4a + 4) = 2a^2 + 8a + 8$　これより，$y = 2x^2$ の変化の割合は，

$\dfrac{(2a^2 + 8a + 8) - 2a^2}{(a + 2) - a} = \dfrac{8a + 8}{2} = 4a + 4$　$y = -8x + 5$ の変化の割合は -8 で一

定だから，$4a + 4 = -8$ が成り立つ。よって，$4a = -12$ より，$a = -3$

5 長さが $1\,\mathrm{m}$ のふりこが 1 往復するのにかかる時間は，$1 = \dfrac{1}{4}x^2$ だから，$x^2 = 4$ より，$x = \pm 2$　$x > 0$ より，2 秒。長さ $9\,\mathrm{m}$ のふりこが 1 往復するのにかかる時間は，$9 = \dfrac{1}{4}x^2$ だから，$x^2 = 36$ より，$x = \pm 6$　$x > 0$ より，6 秒。よって，$6 \div 2 = 3$（往復）

6 $x = 1$ のとき，$y = \dfrac{1}{2} \times 1^2 = \dfrac{1}{2}$，$x = 3$ のとき，$y = \dfrac{1}{2} \times 3^2 = \dfrac{9}{2}$ だから，変化の割合は，$\left(\dfrac{9}{2} - \dfrac{1}{2}\right) \div (3 - 1) = 2$　また，1 秒後から 3 秒後までにボールが進んだ距離は，$\dfrac{9}{2} - \dfrac{1}{2} = 4\,(\mathrm{m})$ で，平均の速さは，秒速，$4 \div 2 = 2\,(\mathrm{m})$　よって，正しいのは**エ**。

7 (1) $x = 0$ で最小値 $y = 0$ をとり，$x = -3$ で最大値 $y = \dfrac{1}{3} \times (-3)^2 = 3$ をとる。よって，求める y の変域は，$0 \leqq y \leqq 3$

(2) A$(-4,\ -8)$，B$(2,\ -2)$ だから，AB の傾きは，$\dfrac{-2 - (-8)}{2 - (-4)} = \dfrac{6}{6} = 1$　$y = x + b$ に，点 B の座標の値を代入して，$-2 = 2 + b$ より，$b = -4$　よって，直線 AB の式は，$y = x - 4$

(3) ① $y = \dfrac{1}{3}x^2$ に $x = t$ を代入して，$y = \dfrac{1}{3}t^2$ より，P$\left(t,\ \dfrac{1}{3}t^2\right)$　② C$\left(0,\ \dfrac{1}{3}t^2\right)$ より，OC $+$ CP $= \dfrac{1}{3}t^2 + t$　よって，$\dfrac{1}{3}t^2 + t = 18$　これを解くと，$t^2 + 3t - 54 = 0$，$(t - 6)(t + 9) = 0$ より，$t = 6,\ -9$　$t > 0$ だから，$t = 6$　したがって，P$(6,\ 12)$

8 (1) $y = 4x^2$ で，$x = 1$ のとき，$y = 4 \times 1^2 = 4$　よって，x 軸について対称なグラフは点$(1,\ -4)$ を通る。求める関数の式を $y = bx$ とおくと，$-4 = b \times 1^2$ より，$b = -4$　したがって，$y = -4x^2$

(2) $x = 3$ のとき y は最大値をとり，このとき $y = 18$ なので，$18 = a \times 3^2$ より，$a = 2$

(3) $y = 1 \times 2^2 = 4$ より，A$(2,\ 4)$　$y = 1 \times 3^2 = 9$ より，B$(3,\ 9)$　点 B と y 軸について対称な点を D とすると，D$(-3,\ 9)$ であり，線分 AC と線分 BC の長さの和が最も小さくなるときの点 C は，直線 AD と y 軸の交点となる。直線 AD の傾きは，$\dfrac{4 - 9}{2 - (-3)} = -1$ なので，$y = -x + c$ として点 A の座標を代入すると，$4 = -2 + c$ より，$c = 6$　したがって，C$(0,\ 6)$

4．放物線と直線

1 $\dfrac{2}{3}$　**2** $(6,\ 0)$　**3** $y=\dfrac{2}{3}x^2$　**4** (1) A. 8　B. 2　(2) 2　(3) $y=2x+12$

5 (1) $y=x+2$　(2) $-\dfrac{1}{2}$　**6** $\dfrac{10}{3}$　**7** 3　**8** (1) 1　(2) $(2,\ 4)$　(3) -2

9 (1) 10　(2) -2　**10** (1) $\dfrac{1}{4}$　(2) 4　(3) $y=\dfrac{1}{2}x+2$　(4) 12

11 (1) $(2,\ 2)$　(2) $y=3x+8$　(3) 87（個）　**12** (1) $0 \leqq y \leqq 9$　(2) $y=4x-3$　(3) 11

13 (1) $b=2a$　(2) $1+\sqrt{2}$

14 (1) A $(2,\ 4)$　B $(-1,\ 1)$　(2) $-\dfrac{1}{2}$　(3) $-t-1$　(4) $y=-x+3$

◇ **解説** ◇

1 点 A の y 座標は，$y=a \times 3^2=9a$ で，点 B の y 座標は，$y=a \times (-6)^2=36a$ なので，直線 ℓ の傾きが -2 より，$\dfrac{9a-36a}{3-(-6)}=-2$ が成り立つ。よって，$-3a=-2$ より，$a=\dfrac{2}{3}$

2 $y=(-3)^2=9$ より，A $(-3,\ 9)$　$y=2^2=4$ より，B $(2,\ 4)$　よって，直線 AB の傾きは，$\dfrac{4-9}{2-(-3)}=-1$ なので，直線 AB の式を，$y=-x+b$ とおいて点 B の座標を代入すると，$4=-2+b$ より，$b=6$　したがって，$y=-x+6$ に $y=0$ を代入して，$0=-x+6$ より，$x=6$ なので，C $(6,\ 0)$

3 点 A の y 座標は，$y=-\dfrac{1}{2} \times 4^2=-8$ だから，A $(4,\ -8)$　直線 AB は，傾きが，$\dfrac{-8}{4}=-2$ なので，式は $y=-2x$ となる。したがって，点 B の y 座標は，$y=-2 \times (-3)=6$ より，B $(-3,\ 6)$　求める関数を $y=ax^2$ とすると，$6=a \times (-3)^2$ より，$a=\dfrac{2}{3}$　よって，$y=\dfrac{2}{3}x^2$

4 (1) $y=2x^2$ に $x=-2$ を代入すると，$y=2 \times (-2)^2=8$ なので，点 A の y 座標は 8。$y=2x^2$ に $x=1$ を代入すると，$y=2 \times 1^2=2$ なので，点 B の y 座標は 2。

(2) 2 点 O，B を通る直線で，x の値が 0 から 1 まで増加すると，x の増加量は，$1-0=1$ で，y の増加量は，$2-0=2$ なので，変化の割合は，$\dfrac{2}{1}=2$　傾きは変化の割合に等しいから 2。

(3) 平行な直線は傾きが等しいので，点 A を通り直線 OB に平行な直線の方程式を $y=2x+a$ とすると，点 A はこの直線上の点なので，座標の値を代入して，$8=2 \times (-2)+$

a より，$a = 12$　よって，求める直線の方程式は，$y = 2x + 12$

5 (1) 点 A は関数 $y = x^2$ のグラフ上の点なので，$y = (-1)^2 = 1$ で，A $(-1,\ 1)$　同様に，点 B も関数 $y = x^2$ のグラフ上の点なので，$y = 2^2 = 4$ で，B $(2,\ 4)$　直線 AB の式を $y = px + q$ とすると，2 点 A，B はこの直線上の点なので，$\begin{cases} 1 = -p + q \\ 4 = 2p + q \end{cases}$ これを連立方程式として解くと，$p = 1$，$q = 2$ なので，$y = x + 2$

(2) 点 C は関数 $y = ax^2$ のグラフ上の点なので，$y = a \times (-4)^2 = 16a$ で，C $(-4,\ 16a)$　BD が y 軸と平行より，点 D の x 座標は点 B と同じ 2。点 D も関数 $y = ax^2$ のグラフ上の点なので，$y = a \times 2^2 = 4a$ で，D $(2,\ 4a)$　AB ∥ CD より，直線 CD の傾きは直線 AB の傾きと同じ 1。直線 CD の傾きは，x の値が -4 から 2 まで増加したときの変化の割合なので，$\dfrac{4a - 16a}{2 - (-4)} = 1$ より，$-2a = 1$　よって，$a = -\dfrac{1}{2}$

6 A の x 座標を p とすると，A の y 座標は，$y = \dfrac{1}{2}p^2$，B の y 座標は，$y = -\dfrac{1}{5}p^2$，C の y 座標は，$y = \dfrac{1}{2}p$　AC = CB であることから，$\dfrac{1}{2}p^2 - \dfrac{1}{2}p = \dfrac{1}{2}p - \left(-\dfrac{1}{5}p^2\right)$ が成り立つ。整理すると，$3p^2 - 10p = 0$　左辺を因数分解すると，$p(3p - 10) = 0$　よって，$p = 0$，$\dfrac{10}{3}$　$p > 1$ より，$p = \dfrac{10}{3}$

7 A $(1,\ a)$，B $(1,\ -4)$，C $(4,\ 16a)$，D $(4,\ -1)$ より，AB $= a - (-4) = a + 4$　CD $= 16a - (-1) = 16a + 1$ だから，$(a + 4) : (16a + 1) = 1 : 7$　これを解くと，$7(a + 4) = 16a + 1$ だから，$7a + 28 = 16a + 1$ より，$-9a = -27$　よって，$a = 3$

8 (1) $y = x^2$ に，$x = -1$ を代入して，$y = (-1)^2 = 1$ より，点 P の y 座標は 1。

(2) 直線 PQ は傾きが 1 だから，直線の式を $y = x + b$ とおいて点 P の座標を代入すると，$1 = -1 + b$ より，$b = 2$ だから，直線 PQ の式は $y = x + 2$　点 Q の x 座標は，$x^2 = x + 2$ の，$x = -1$ 以外の解となる。$x^2 - x - 2 = 0$，$(x + 1)(x - 2) = 0$ より，$x = -1$，2 だから，$y = x + 2$ に $x = 2$ を代入して $y = 2 + 2 = 4$ より，Q $(2,\ 4)$

(3) P $(t,\ t^2)$ とすると，Q $(t + 5,\ (t + 5)^2)$ と表せる。PQ の傾きは，$\dfrac{(t + 5)^2 - t^2}{(t + 5) - t} = \dfrac{10t + 25}{5} = 2t + 5$ となる。これが 1 になるから，$2t + 5 = 1$ より，$t = -2$

9 (1) △AOE は OE = 5 を底辺とすると，高さは 4 になるから，△AOE $= \dfrac{1}{2} \times 5 \times 4 = 10$

(2) CA = AE のとき，A は CE の中点。点 D の x 座標を t とすると，点 D の y 座標は t^2 になるから，点 C の y 座標も t^2　A が CE の中点になることから，A の y 座標に

ついて，$\dfrac{t^2 + 0}{2} = 4$ が成り立つ。整理して，$t^2 = 8$ $t > 0$ より，$t = 2\sqrt{2}$ だから，D $(2\sqrt{2},\ 8)$，C $(-2\sqrt{2},\ 8)$ 2点 A，C の x 座標の差は，$2 - (-2\sqrt{2}) = 2 + 2\sqrt{2}$ だから，点 E の x 座標は，$2 + (2 + 2\sqrt{2}) = 4 + 2\sqrt{2}$ よって，直線 DE の傾きは，$\dfrac{0 - 8}{(4 + 2\sqrt{2}) - 2\sqrt{2}} = -2$

10 (1) $y = ax^2$ に $x = -2$，$y = 1$ を代入して，$1 = a \times (-2)^2$ より，$a = \dfrac{1}{4}$

(2) $y = \dfrac{1}{4}x^2$ に $x = 4$ を代入して，$y = \dfrac{1}{4} \times 4^2 = 4$

(3) A $(-2,\ 1)$，B $(4,\ 4)$ より，直線 AB の傾きは，$\dfrac{4 - 1}{4 - (-2)} = \dfrac{1}{2}$ したがって，$y = \dfrac{1}{2}x + b$ とおき，$x = -2$，$y = 1$ を代入すると，$1 = \dfrac{1}{2} \times (-2) + b$ より，$b = 2$ よって，$y = \dfrac{1}{2}x + 2$

(4) PQ $= \dfrac{1}{4}t^2$，PR $= \dfrac{1}{2}t + 2$ なので，$\dfrac{1}{4}t^2 = \dfrac{9}{2}\left(\dfrac{1}{2}t + 2\right)$ より，$\dfrac{1}{4}t^2 = \dfrac{9}{4}t + 9$ 両辺に 4 をかけて，$t^2 = 9t + 36$ 移項して，$t^2 - 9t - 36 = 0$ 左辺を因数分解して，$(t - 12)(t + 3) = 0$ より，$t = 12$，-3 $t \geqq 4$ だから，$t = 12$

11 (1) 点 A の y 座標は，$y = \dfrac{1}{2} \times (-2)^2 = 2$ より，A $(-2,\ 2)$ 点 B は y 軸について点 A と対称な点だから，B $(2,\ 2)$

(2) 点 C の y 座標は，$y = \dfrac{1}{2} \times 8^2 = 32$ より，C $(8,\ 32)$ 直線 AC は傾きが，$\dfrac{32 - 2}{8 - (-2)} = 3$ だから，直線の式を $y = 3x + b$ とおき，点 A の座標を代入すると，$2 = 3 \times (-2) + b$ より，$b = 8$ よって，$y = 3x + 8$

(3) x 座標が -2 から 8 までの放物線①と直線 AC の y 座標を調べ，格子点の数を求める。$x = -2$ のとき，3つのグラフの交点 $(-2,\ 2)$ の1個。$x = -1$ のとき，$y = 3 \times (-1) + 8 = 5$ より，y は2から5までの4個。$x = 0$ のとき，直線 AC の切片は8だから，y は2から8までの7個。$x = 1$ のとき，$y = 3 \times 1 + 8 = 11$ より，y は2から11までの10個。$x = 2$ のとき，$y = 3 \times 2 + 8 = 14$ より，y は2から14までの13個。$x = 3$ のとき，$y = 3 \times 3 + 8 = 17$，$y = \dfrac{1}{2} \times 3^2 = \dfrac{9}{2}$ より，y は5から17までの13個。$x = 4$ のとき，$y = 3 \times 4 + 8 = 20$，$y = \dfrac{1}{2} \times 4^2 = 8$ より，y は8から20までの13個。$x = 5$ のとき，$y = 3 \times 5 + 8 = 23$，$y = \dfrac{1}{2} \times 5^2 = \dfrac{25}{2}$ より，y は

13 から 23 までの 11 個。$x = 6$ のとき，$y = 3 \times 6 + 8 = 26$，$y = \dfrac{1}{2} \times 6^2 = 18$ より，y は 18 から 26 までの 9 個。$x = 7$ のとき，$y = 3 \times 7 + 8 = 29$，$y = \dfrac{1}{2} \times 7^2 = \dfrac{49}{2}$ より，y は 25 から 29 までの 5 個。$x = 8$ のとき，2 つのグラフの交点 (8，32) の 1 個。よって，格子点は全部で，$1 + 4 + 7 + 10 + 13 \times 3 + 11 + 9 + 5 + 1 = 87$（個）

12 (1) $x = 0$ のとき，$y = 0$ で最小となり，$x = 3$ のとき，$y = 3^2 = 9$ で最大となるから，$0 \leqq y \leqq 9$

(2) A (1，1)，B (3，9) より，直線 AB は傾きが，$\dfrac{9 - 1}{3 - 1} = 4$ なので，$y = 4x + b$ として，A の座標を代入すると，$1 = 4 \times 1 + b$ より，$b = -3$　したがって，$y = 4x - 3$

(3) 点 C の x 座標を t とすると，$\mathrm{C}\left(t, \dfrac{1}{3}t^2\right)$ より，点 A から点 C へ x 座標は，$(1 - t)$ だけ平行移動するので，点 B から点 D も同様に考えると，点 D の x 座標について，$3 - (1 - t) = -1$ が成り立つ。これを解くと，$t = -3$　y 座標は，$\dfrac{1}{3}t^2 - 1 = \dfrac{1}{3} \times (-3)^2 - 1 = 3 - 1 = 2$ だけ平行移動するから，点 D の y 座標は，$9 + 2 = 11$

13 (1) 放物線①の式に点 A の x 座標 $x = p$ を代入して y 座標を求めると，$y = ap^2$ で，放物線②の式に点 B の x 座標 $x = p$ を代入して y 座標を求めると，$y = bp^2$　3 点 A，B，P の x 座標は等しいので，y 座標の差より，$\mathrm{AP} = ap^2 - 0 = ap^2$ で，$\mathrm{AB} = bp^2 - ap^2 = p^2(b - a)$　$\mathrm{AP} = \mathrm{AB}$ より，$ap^2 = p^2(b - a)$　$p \neq 0$ より両辺を p^2 でわって，$a = b - a$　よって，$b = 2a$

(2) (1)より，放物線②は関数 $y = 2ax^2$ のグラフで，$\mathrm{AB} = \mathrm{AP} = ap^2$　点 C の y 座標は，$y = a(p + 1)^2$，点 D の y 座標は，$y = 2a(p + 1)^2$ で，2 点 C，D の x 座標は等しいので，y 座標の差より，$\mathrm{CD} = 2a(p + 1)^2 - a(p + 1)^2 = (2a - a)(p + 1)^2 = a(p + 1)^2$　$\mathrm{CD} = 2\mathrm{AB}$ より，$a(p + 1)^2 = 2ap^2$ だから，$(p + 1)^2 = 2p^2$　これを整理すると，$p^2 - 2p = 1$ より，$p^2 - 2p + 1 = 1 + 1$ だから，$(p - 1)^2 = 2$ より，$p - 1 = \pm\sqrt{2}$　よって，$p = 1 \pm \sqrt{2}$　$p > 0$ より，適するものは，$p = 1 + \sqrt{2}$

14 (1) $y = x^2$ を $y = x + 2$ に代入して，$x^2 = x + 2$ だから，$x^2 - x - 2 = 0$　よって，$(x + 1)(x - 2) = 0$ より，$x = -1$，2　$y = x + 2$ に $x = 2$ を代入して，$y = 2 + 2 = 4$ だから，A (2，4)　また，$x = -1$ を代入して，$y = -1 + 2 = 1$ だから，B $(-1，1)$

(2) 線分 AB の中点の x 座標は，$\dfrac{2 + (-1)}{2} = \dfrac{1}{2}$，$y$ 座標は，$\dfrac{4 + 1}{2} = \dfrac{5}{2}$ だから，$\mathrm{M}\left(\dfrac{1}{2}, \dfrac{5}{2}\right)$　線分 MN の中点 L の x 座標が 0 だから，点 N の x 座標は，$0 - \dfrac{1}{2} =$

$$-\frac{1}{2}$$

(3) 点 D の x 座標を d とすると，線分 CD の中点 N の x 座標が $-\dfrac{1}{2}$ だから，$\dfrac{t+d}{2}=$ $-\dfrac{1}{2}$ が成り立つ。これを d について解くと，$d=-t-1$

(4) 点 C，D は $y=x^2$ のグラフ上の点だから，C $(t,\ t^2)$，$y=(-t-1)^2=t^2+2t+1$ より，D $(-t-1,\ t^2+2t+1)$ と表せる。直線 CD は傾きが，$\dfrac{(t^2+2t+1)-t^2}{(-t-1)-t}=$ $\dfrac{2t+1}{-(2t+1)}=-1$ だから，直線の式を $y=-x+b$ とおいて，点 M の座標を代入すると，$\dfrac{5}{2}=-\dfrac{1}{2}+b$ より，$b=3$　よって，直線 ℓ の式は，$y=-x+3$

5．グラフと平面図形

1 (1) $(a=)\,3$　(2) $(12,\ 9)$　(3) 18

2 (1) $\left(\dfrac{8}{3},\ \dfrac{7}{3}\right)$　(2) A $\left(\dfrac{3}{2},\ 0\right)$　B $(0,\ 5)$　(3) $\dfrac{101}{12}$

3 $(2,\ 3)$　**4** (1) $y=-\dfrac{2}{3}x+8$　(2) $(-3a+12,\ 2a)$　(3) $\dfrac{3}{2}$

5 (1) (点 A) 1　(点 B) 9　(2) 4　(3) 8　**6** (1) $y=3x+4$　(2) 15　(3) $y=7x-2$

7 (1) $(4,\ 8)$　(2) $(-6,\ 18)$　**8** (1) $y=x+2$　(2) $(3,\ 9)$　(3) $(2\sqrt{3},\ 12)$

9 (1) $\dfrac{3}{4}$　(2) $y=\dfrac{3}{2}x+6$　(3)① $\dfrac{3}{2}$　② 9 (倍)　**10** (1) $0\leqq y\leqq24$　(2) 5

11 (1) $\dfrac{3}{4}$　(2) $(2,\ 3)$　(3) $y=\dfrac{13}{2}x+14$　**12** (1) 6　(2) $\dfrac{1}{2}$　(3) $\dfrac{8}{5}$　(4) $\dfrac{6\pm2\sqrt{3}}{3}$

13 (1) -1　(2) $(2,\ 2)$　(3) $y=\dfrac{1}{2}x+1$　(4) $3\sqrt{5}+2$ (cm)

14 (1) A $(2,\ 4)$　B $(-2,\ 0)$　(2) $45°$　(3)① $(0,\ 6)$　② $\dfrac{5}{2}\pi-5$

◇ 解説 ◇

1 (1) $y=ax-9$ に $x=4$，$y=3$ を代入して，$3=4a-9$ より，$a=3$

(2) $y=\dfrac{3}{4}x$ に $y=9$ を代入して，$9=\dfrac{3}{4}x$ より，$x=12$　よって，Q $(12,\ 9)$

(3) 点 P の座標は，$y=3x-9$ に $y=9$ を代入して，$9=3x-9$ より $x=6$ から，P $(6,$ $9)$　△PQR の底面を PQ とすると，PQ $=12-6=6$ で，高さは，$9-3=6$ だから，

$$\triangle\text{PQR}=\frac{1}{2}\times6\times6=18$$

2 (1) $2x - 3 = -x + 5$ より，交点 P の x 座標は，$x = \dfrac{8}{3}$　また，y 座標は，$y = 2 \times \dfrac{8}{3} - 3 = \dfrac{7}{3}$

(2) $0 = 2x - 3$ より，$x = \dfrac{3}{2}$ となるので，点 A の座標は $\left(\dfrac{3}{2},\ 0\right)$　また，点 B は直線②の切片なので，その座標は $(0,\ 5)$

(3) 直線①と y 軸との交点を D とすると，その座標は $(0,\ -3)$　したがって，BD $= 5 - (-3) = 8$ より，$\triangle$PBD $= \dfrac{1}{2} \times 8 \times \dfrac{8}{3} = \dfrac{32}{3}$　また，OD $= 3$ なので，$\triangle$ODA $= \dfrac{1}{2} \times 3 \times \dfrac{3}{2} = \dfrac{9}{4}$　よって，四角形 OAPB $= \triangle$PBD $- \triangle$ODA $= \dfrac{32}{3} - \dfrac{9}{4} = \dfrac{101}{12}$

3 点 P の x 座標を t とすると，y 座標は，$y = t + 1$ と表せるので，PQ $= t + 1$，PS $= 5 - t$ となる。四角形 PQRS は正方形なので，PQ $=$ PS より，$t + 1 = 5 - t$ が成り立つ。これを解いて，$t = 2$　よって，点 P の x 座標は 2 で，y 座標は，$2 + 1 = 3$

4 (1) 直線 CE で，x の値が 0 から 3 まで増加したとき，x の増加量は，$3 - 0 = 3$ で，y の増加量は，$6 - 8 = -2$ なので，傾きは，$\dfrac{-2}{3} = -\dfrac{2}{3}$　切片は 8 なので，直線 CE の式は，$y = -\dfrac{2}{3}x + 8$

(2) 直線 OE の傾きは，$\dfrac{6}{3} = 2$ なので，式は，$y = 2x$　点 D の x 座標は点 A の x 座標と同じ a なので，D $(a,\ 2a)$　点 C の y 座標は点 D の y 座標と同じ $2a$。点 C は直線 CE 上の点なので，$2a = -\dfrac{2}{3}x + 8$ より，$x = -3a + 12$ なので，C $(-3a + 12,\ 2a)$

(3) AD $= 2a - 0 = 2a$，DC $= -3a + 12 - a = -4a + 12$ なので，長方形 ABCD の面積が 18 になるとき，$2a \times (-4a + 12) = 18$ が成り立つ。整理して，$-8a^2 + 24a - 18 = 0$ より，$a^2 - 3a + \dfrac{9}{4} = 0$ だから，$\left(a - \dfrac{3}{2}\right)^2 = 0$　よって，$a = \dfrac{3}{2}$

5 (1) $x^2 = 2x + 3$ より，$x^2 - 2x - 3 = 0$ となるので，$(x + 1)(x - 3) = 0$　したがって，$x = -1,\ 3$ より，点 A の x 座標は -1 で，点 B の x 座標は 3。よって，点 A の y 座標は，$y = (-1)^2 = 1$，点 B の y 座標は，$y = 3^2 = 9$

(2) $x = 1$ のとき，$y = 1^2 = 1$　また，$x = 3$ のとき，$y = 3^2 = 9$ なので，x の増加量は，$3 - 1 = 2$，y の増加量は，$9 - 1 = 8$　よって，変化の割合は，$\dfrac{8}{2} = 4$

(3) A，P は y 座標が等しいので，AP は x 軸に平行より，AP $= 1 - (-1) = 2$ を底辺としたときの高さは，$9 - 1 = 8$　よって，$\triangle$PAB $= \dfrac{1}{2} \times 2 \times 8 = 8$

6 (1) 点 A の y 座標は，$y = (-1)^2 = 1$，点 B の y 座標は，$y = 4^2 = 16$ だから，直線

AB の傾きは，$\dfrac{16-1}{4-(-1)} = 3$　よって，直線 AB の式を $y = 3x + b$ として，点 A の座標の値を代入すると，$1 = 3 \times (-1) + b$ より，$b = 4$　よって，直線 AB の式は，$y = 3x + 4$

(2) 右図のように，直線 AB と y 軸との交点を D とすると，△ABC ＝△ACD ＋△BCD　D $(0,\ 4)$ より，CD $= 4 - (-2) = 6$ で，CD を底辺とすると，△ACD の高さは 1，△BCD の高さは 4 になるから，△ABC $= \dfrac{1}{2} \times 6 \times 1 + \dfrac{1}{2} \times 6 \times 4 = 15$

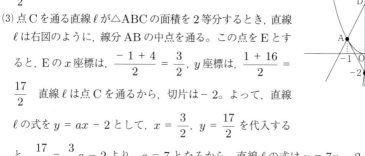

(3) 点 C を通る直線 ℓ が△ABC の面積を 2 等分するとき，直線 ℓ は右図のように，線分 AB の中点を通る。この点を E とすると，E の x 座標は，$\dfrac{-1+4}{2} = \dfrac{3}{2}$，$y$ 座標は，$\dfrac{1+16}{2} = \dfrac{17}{2}$　直線 ℓ は点 C を通るから，切片は -2。よって，直線 ℓ の式を $y = ax - 2$ として，$x = \dfrac{3}{2}$，$y = \dfrac{17}{2}$ を代入すると，$\dfrac{17}{2} = \dfrac{3}{2}a - 2$ より，$a = 7$ となるから，直線 ℓ の式は $y = 7x - 2$

7 (1) 点 A の y 座標は，$y = \dfrac{1}{2} \times 4^2 = 8$ より，A $(4,\ 8)$

(2) 点 B の y 座標は，$y = \dfrac{1}{2} \times (-2)^2 = 2$ より，B $(-2,\ 2)$　△PBO ＝△ABO より，OB ∥ AP なので，傾きは，$\dfrac{2}{-2} = -1$　したがって，点 P の x 座標を p すると，P$\left(p,\ \dfrac{1}{2}p^2\right)$ より，$\left(\dfrac{1}{2}p^2 - 8\right) \div (p - 4) = -1$ なので，$\dfrac{1}{2}p^2 - 8 = -p + 4$　よって，$p^2 + 2p - 24 = 0$ から，$(p + 6)(p - 4) = 0$ で，p は 4 ではないから，$p = -6$ より，P $(-6,\ 18)$

8 (1) B $(-1, 1)$, C $(2, 4)$だから，BC の傾きは，$\dfrac{4-1}{2-(-1)}$

$= \dfrac{3}{3} = 1$　よって，直線 BC の式は，$y = x + b$と表す

ことができ，点 B を通ることから，$1 = -1 + b$　した

がって，$b = 2$だから，$y = x + 2$

(2) 右図のように，点 A を通り BC に平行な直線を引く。こ

の直線の式は，$y = x + c$と表すことができ，A $(-2,$

$4)$を通ることから，$4 = -2 + c$　よって，$c = 6$だから，

$y = x + 6$　点 D の x 座標は $x^2 = x + 6$の $x = -2$以

外の解。$x^2 - x - 6 = 0$, $(x + 2)(x - 3) = 0$　よって，

$x = -2$, 3　点 D の x 座標は 3 だから，D $(3, 9)$

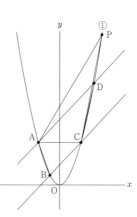

(3) AC は x 軸に平行だから，AC $= 4$　四角形 ABCD $= \triangle$ACB $+ \triangle$ACD $= \dfrac{1}{2} \times 4 \times$

$(4 - 1) + \dfrac{1}{2} \times 4 \times (9 - 4) = 6 + 10 = 16$　点 P は AC より上にあり，P (t, t^2)とす

ると，$\triangle$PAC $= 16$だから，$\dfrac{1}{2} \times 4 \times (t^2 - 4) = 16$　よって，$t^2 = 12$　$t > 0$より，

$t = \sqrt{12} = 2\sqrt{3}$だから，P $(2\sqrt{3}, 12)$

9 (1) $y = -x + 1$に $y = 3$を代入して，$3 = -x + 1$より，$x = -2$　よって，A $(-2,$

$3)$　これを $y = ax^2$に代入して，$3 = a \times (-2)^2$より，$a = \dfrac{3}{4}$

(2) $y = \dfrac{3}{4}x^2$に，$x = 4$を代入して，$y = \dfrac{3}{4} \times 4^2 = 12$より，C $(4, 12)$　直線 AC は，

傾きが，$\dfrac{12 - 3}{4 - (-2)} = \dfrac{9}{6} = \dfrac{3}{2}$だから，直線の式を $y = \dfrac{3}{2}x + b$とおいて点 A の座

標を代入すると，$3 = \dfrac{3}{2} \times (-2) + b$より，$b = 6$　よって，求める直線の式は，$y =$

$\dfrac{3}{2}x + 6$

(3) ① 点 P の x 座標を t とすると，P$\left(t, \dfrac{3}{4}t^2\right)$, Q$\left(t, \dfrac{3}{2}t + 6\right)$, R $(t, -t + 1)$と

表せる。PQ $= \dfrac{3}{2}t + 6 - \dfrac{3}{4}t^2$, PR $= \dfrac{3}{4}t^2 - (-t + 1) = \dfrac{3}{4}t^2 + t - 1$で，PQ $=$

3PR より，$\dfrac{3}{2}t + 6 - \dfrac{3}{4}t^2 = 3\left(\dfrac{3}{4}t^2 + t - 1\right)$　整理して，$2t^2 + t - 6 = 0$　解の公

式より，$t = \dfrac{-1 \pm \sqrt{1^2 - 4 \times 2 \times (-6)}}{2 \times 2} = \dfrac{-1 \pm \sqrt{49}}{4} = \dfrac{-1 \pm 7}{4}$　よって，$t =$

$\dfrac{3}{2}$, -2 　点Bの x 座標は，$-2 + \dfrac{8}{3} = \dfrac{2}{3}$ より，$\dfrac{2}{3} \leqq t \leqq 4$ だから，$t = \dfrac{3}{2}$

② AB：AR を3点 A，B，R の x 座標の差で求めると，$\dfrac{8}{3} : \left\{ \dfrac{3}{2} - (-2) \right\} = \dfrac{8}{3} :$

$\dfrac{7}{2} = 16 : 21$　よって，△ABP $= S$ とすると，△ARP $= \dfrac{21}{16} S$　また，QR $= (1 + 3)$

$\times$ PR $= 4$PR より，△ARQ $= 4$△ARP $= \dfrac{21}{4} S$　さらに，AQ：AC を3点 A，Q，

C の x 座標の差で求めると，$\left\{ \dfrac{3}{2} - (-2) \right\} : \left| 4 - (-2) \right| = \dfrac{7}{2} : 6 = 7 : 12$　よって，

△ARC $= \dfrac{12}{7}$△ARQ $= \dfrac{12}{7} \times \dfrac{21}{4} S = 9S$ だから，△ARC の面積は△ABP の9倍。

10 (1) $x = 0$ のとき $y = 0$ で最小値をとり，$x = 8$ のとき，$y = \dfrac{3}{8} \times 8^2 = 24$ で最大値を

とる。よって，y の変域は，$0 \leqq y \leqq 24$

(2) 点P の x 座標を t $(t > 0)$ とすると，P$\left(t, \dfrac{3}{8} t^2 \right)$，Q$\left(-t, \dfrac{3}{8} t^2 \right)$　点R の x 座標

は $-t$ だから，$y = -\dfrac{1}{8} \times (-t)^2 = -\dfrac{1}{8} t^2$ より，R$\left(-t, -\dfrac{1}{8} t^2 \right)$，S$\left(t, -\dfrac{1}{8} t^2 \right)$

QP $= $ RS $= t - (-t) = 2t$，QR $= $ PS $= \dfrac{3}{8} t^2 - \left(-\dfrac{1}{8} t^2 \right) = \dfrac{1}{2} t^2$ だから，四角形

PQRS の周の長さについて，$\left(2t + \dfrac{1}{2} t^2 \right) \times 2 = 45$ が成り立つ。式を整理すると，$t^2 +$

$4t - 45 = 0$ だから，$(t + 9)(t - 5) = 0$ となり，$t = -9$, 5　$t > 0$ より，$t = 5$

11 (1) 点A の x 座標は，$y = -\dfrac{3}{2} x + 6$ に，$y = 12$ を代入して，$12 = -\dfrac{3}{2} x + 6$ より，

$x = -4$　よって，A$(-4, 12)$　点A は放物線上の点だから，$y = ax^2$ に，$x = -4$，

$y = 12$ を代入して，$12 = a \times (-4)^2$ より，$a = \dfrac{3}{4}$

(2) 点B は放物線 $y = \dfrac{3}{4} x^2$ と直線 $y = -\dfrac{3}{2} x + 6$ の交点だから，x 座標は，$\dfrac{3}{4} x^2 =$

$-\dfrac{3}{2} x + 6$ の解として求められる。整理して，$x^2 + 2x - 8 = 0$ より，$(x + 4)(x -$

$2) = 0$　よって，$x = -4$, 2　点B の x 座標は正だから，$x = 2$　y 座標は，$y = -\dfrac{3}{2}$

$\times 2 + 6 = 3$　したがって，B$(2, 3)$

(3) 点 A′ は点A と x 軸に関して対称な点だから，A′$(-4, -12)$　平行四辺形の面積

を二等分する直線は，平行四辺形の対角線の交点を通る。平行四辺形 ADBC の対角線

の交点は線分 AB の中点だから，この点を E とすると，E の x 座標は，$\dfrac{-4 + 2}{2} =$

-1, y 座標は, $\dfrac{12+3}{2} = \dfrac{15}{2}$ より, $E\left(-1, \dfrac{15}{2}\right)$ 2点 A′, E を通る直線の傾きは,

$\left\{\dfrac{15}{2} - (-12)\right\} \div \left\{-1 - (-4)\right\} = \dfrac{13}{2}$ よって, 直線の式を $y = \dfrac{13}{2}x + b$ として,

$x = -4$, $y = -12$ を代入すると, $-12 = \dfrac{13}{2} \times (-4) + b$ より, $b = 14$ よって, 求

める直線の式は, $y = \dfrac{13}{2}x + 14$

12 (1) 点 E の x 座標も 2 だから, ②の式に $x = 2$ を代入して, $y = -2 + 4 = 2$ より, E $(2, 2)$ したがって, 点 F の y 座標も 2 だから, ①の式に $y = 2$ を代入して, $2 = 2x + 4$ これを解くと, $x = -1$ なので, F $(-1, 2)$ よって, DE $= 2 - 0 = 2$, EF $= 2 - (-1) = 3$ より, 長方形 DEFG の面積は, $2 \times 3 = 6$

(2) 点 E の座標を③の式に代入すると, $2 = a \times 2^2$ よって, $a = \dfrac{1}{2}$

(3) 点 D の x 座標を k とすると, ②の式に $x = k$ を代入して, $y = -k + 4$ より, E $(k, -k + 4)$ ①の式に $y = -k + 4$ を代入すると, $-k + 4 = 2x + 4$ より, $x = -\dfrac{1}{2}k$ なので, F $\left(-\dfrac{1}{2}k, -k + 4\right)$ よって, DE $= -k + 4 - 0 = -k + 4$, EF $= k - \left(-\dfrac{1}{2}k\right) = \dfrac{3}{2}k$ で, DE $=$ EF になれば長方形 DEFG が正方形になるので, $-k + 4 = \dfrac{3}{2}k$ これを解くと, $k = \dfrac{8}{5}$

(4) ①の式に $y = 0$ を代入すると, $0 = 2x + 4$ これを解くと, $x = -2$ より, B $(-2, 0)$ よって, $\triangle\text{OAB} = \dfrac{1}{2} \times 2 \times 4 = 4$ 点 D の x 座標を k とすると, DE $= -k + 4$, EF $= \dfrac{3}{2}k$ なので, $\triangle\text{OAB}$ と長方形 DEFG の面積が等しくなるとき, $(-k + 4) \times \dfrac{3}{2}k = 4$ より, $-\dfrac{3}{2}k^2 + 6k - 4 = 0$ 両辺を -2 倍すると, $3k^2 - 12k + 8 = 0$

解の公式より, $k = \dfrac{-(-12) \pm \sqrt{(-12)^2 - 4 \times 3 \times 8}}{2 \times 3} = \dfrac{12 \pm 4\sqrt{3}}{6} = \dfrac{6 \pm 2\sqrt{3}}{3}$

$6 = \sqrt{36}$, $2\sqrt{3} = \sqrt{12}$ より, これはどちらも正の数であるので適する。

13 (1) $y = \dfrac{4}{x}$ に $x = -4$ を代入して, $y = \dfrac{4}{-4} = -1$

(2) 円が x 軸と y 軸の両方に接しているから点 B から x 軸までの距離と点 B から y 軸までの距離は等しい。点 B の x 座標を t とすると, y 座標も t となるから, $y = \dfrac{4}{x}$ に, $x = t$, $y = t$ を代入すると, $t = \dfrac{4}{t}$ より, $t^2 = 4$ よって, $t = \pm 2$ 点 B の x 座標は正だ

から，$t = 2$　したがって，B $(2, 2)$

(3) 直線 AB の傾きは，$\dfrac{2 - (-1)}{2 - (-4)} = \dfrac{1}{2}$ だから，直線 AB の式を，$y = \dfrac{1}{2}x + b$ とおいて，

　点 B の座標の値を代入すると，$2 = \dfrac{1}{2} \times 2 + b$ より，$b = 1$　よって，$y = \dfrac{1}{2}x + 1$

(4) 点 B から円周までの距離は $2\,\mathrm{cm}$ だから，AB + BP は一定。よって，AP が最

　も長くなるのは，3 点 A，B，P がこの順に一直線上に並ぶときである。AB =

　$\sqrt{\{2 - (-4)\}^2 + \{2 - (-1)\}^2} = 3\sqrt{5}$ (cm) だから，AP $= 3\sqrt{5} + 2$ (cm)

14 (1) $x^2 = x + 2$ から，$x^2 - x - 2 = 0$ なので，$(x - 2)(x + 1) = 0$　よって，$x =$

2，-1 なので，点 A の x 座標は，$x = 2$　$y = 2^2 = 4$ から，A $(2, 4)$　また，点 B の

y 座標は 0 なので，x 座標は，$0 = x + 2$ より，$x = -2$　よって，B $(-2, 0)$

(2) 直線 ℓ と y 軸の交点を D $(0, 2)$ とすると，△OBD は OB = OD = 2 の直角二等辺三

　角形となるから，∠ABO = ∠DBO = $45°$

(3) ① 点 A を通り，x 軸に平行な直線と y 軸の交点を E と

　　すると，E $(0, 4)$　$\overset{\frown}{\text{OA}}$ に対する円周角より，∠ACE =

　　∠ABO = $45°$ なので，△AEC は直角二等辺三角形と

　　なるから，CE = AE = 2　よって，点 C の y 座標は，

　　$y = 4 + 2 = 6$ だから，C $(0, 6)$　② 右図のように円

　　の中心を I とすると，円周角の定理より，∠AIO = 2

　　∠ABO = $90°$ なので，△AIO は直角二等辺三角形とな

　　る。三平方の定理より，OA $= \sqrt{2^2 + 4^2} = 2\sqrt{5}$ だか

　　ら，IA $= 2\sqrt{5} \times \dfrac{1}{\sqrt{2}} = \sqrt{10}$　よって，求める面積は，

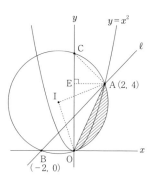

$\pi \times (\sqrt{10})^2 \times \dfrac{90}{360} - \dfrac{1}{2} \times \sqrt{10} \times \sqrt{10} = \dfrac{5}{2}\pi - 5$

［ 6．グラフと空間図形 ］

1 (1) 5　(2) $(2, 0)$　(3) $y = -\dfrac{2}{5}x + 2$　(4) 4π

2 (1) 2　(2) $\left(\dfrac{3}{2}, \dfrac{9}{2}\right)$　(3) $\dfrac{9}{2}\pi$　**3** (1) $\dfrac{1}{2}$　(2) $(2\sqrt{3}, 6)$　(3) $48\sqrt{3}\,\pi$

4 (1) $(a =) \dfrac{3}{2}$　$(b =) \dfrac{3}{2}$　(2) $\left(1, \dfrac{3}{2}\right)$　(3) $\dfrac{45}{2}\pi$

5 (1) 4　(2) $\dfrac{1}{2}$　(3) $y = \dfrac{1}{2}x + 3$　(4) $\dfrac{80}{3}\pi$

6 (1) $(-2, 2)$　(2) $0 \leqq y \leqq \dfrac{9}{2}$　(3) $\left(\dfrac{3}{2}, \dfrac{11}{2}\right)$　(4) 40π

◇ 解説 ◇

1 (1) $2 = -3 + b$ より，$b = 5$

(2) $2 = 3a - 4$ より，$a = 2$　点Bの y 座標は 0 なので，$0 = 2x - 4$ より，$x = 2$　よって，B $(2,\ 0)$

(3) 点Cの y 座標は 0 なので，$0 = -x + 5$ より，$x = 5$ だから，C $(5,\ 0)$　AB の中点を M とすると，M の x 座標は，$\dfrac{3 + 2}{2} = \dfrac{5}{2}$，$y$ 座標は，$\dfrac{2 + 0}{2} = 1$ より，M $\left(\dfrac{5}{2},\ 1\right)$ 求める直線は，点 C, M を通るので，傾きは，x の増加量が，$5 - \dfrac{5}{2} = \dfrac{5}{2}$，$y$ の増加量は，$0 - 1 = -1$ より，$-1 \div \dfrac{5}{2} = -\dfrac{2}{5}$　よって，求める直線を，$y = -\dfrac{2}{5}x + n$ とすると，$0 = -\dfrac{2}{5} \times 5 + n$ より，$n = 2$ となり，$y = -\dfrac{2}{5}x + 2$

(4) 求める立体は，底面の半径が 2，高さが，$3 - 2 = 1$ の円錐と，底面の半径が 2，高さが，$5 - 3 = 2$ の円錐の和なので，体積は，$\dfrac{1}{3}\pi \times 2^2 \times 1 + \dfrac{1}{3}\pi \times 2^2 \times 2 = \dfrac{4}{3}\pi + \dfrac{8}{3}\pi = 4\pi$

2 (1) 点 A の y 座標は，$y = -(-2) + 6 = 8$　よって，$8 = a \times (-2)^2$ より，$a = 2$

(2) $2x^2 = -x + 6$ より，$2x^2 + x - 6 = 0$　解の公式より，

$$x = \frac{-1 \pm \sqrt{1^2 - 4 \times 2 \times (-6)}}{2 \times 2} = \frac{-1 \pm 7}{4} = \frac{3}{2},\ -2$$　よって，点 B の x 座標は $\dfrac{3}{2}$ で，y 座標は，$y = 2 \times \left(\dfrac{3}{2}\right)^2 = \dfrac{9}{2}$

(3) 点 P の y 座標は 6。したがって，底面の半径が $\dfrac{3}{2}$ で，高さが，$6 - \dfrac{9}{2} = \dfrac{3}{2}$ と $\dfrac{9}{2}$ の 2 つ円錐を組み合わせた立体の体積を求めればよい。よって，$\dfrac{1}{3} \times \pi \times \left(\dfrac{3}{2}\right)^2 \times \dfrac{3}{2} + \dfrac{1}{3} \times \pi \times \left(\dfrac{3}{2}\right)^2 \times \dfrac{9}{2} = \dfrac{9}{2}\pi$

3 (1) $8 = a \times 4^2$ より，$a = \dfrac{1}{2}$

(2) 点 A の x 座標を t とすると，点 A の座標は $\left(t,\ \dfrac{1}{2}t^2\right)$ と表せる。また，AB と y 軸との交点を C とすると，△OAB が正三角形のとき，△OAC は 30°，60°，90° の直角三角形となるから，$t : \dfrac{1}{2}t^2 = 1 : \sqrt{3}$ より，$\dfrac{1}{2}t^2 = \sqrt{3}\,t$　これを整理すると，$t^2 - 2\sqrt{3}\,t = 0$ より，$t\,(t - 2\sqrt{3}) = 0$ から，$t = 0,\ 2\sqrt{3}$　点 A の x 座標は正だから $2\sqrt{3}$，y 座

標は，$y = \dfrac{1}{2} \times (2\sqrt{3})^2 = 6$

(3) 辺 AB を軸として△AOB を 1 回転させると，CO が半径で，高さが AC と BC である 2 つの円錐を組み合わせた立体ができる。CO $= 6$，AC $=$ BC $= 2\sqrt{3}$ より，求める体積は，$\dfrac{1}{3} \times \pi \times 6^2 \times 2\sqrt{3} \times 2 = 48\sqrt{3}\,\pi$

4 (1) ①に $x = -1$ を代入して，$y = a \times (-1)^2 = a$　②に $x = -1$ を代入して，$y = -b + 3$　よって，$a = -b + 3$……あ　①に $x = 2$ を代入して，$y = a \times 2^2 = 4a$　②に $x = 2$ を代入して，$y = 2b + 3$　よって，$4a = 2b + 3$……い　あ，いを連立方程式として解いて，$a = \dfrac{3}{2}$，$b = \dfrac{3}{2}$

(2) 右図のように，点 O を通り②に平行な直線と①の交点を P とすると，△AOB と△APB の底辺をともに AB としたときの高さが等しいから，△AOB $=$ △APB
直線 OP は $y = \dfrac{3}{2}x$ だから，$y = \dfrac{3}{2}x^2$ を代入して，$\dfrac{3}{2}x^2 = \dfrac{3}{2}x$ より，$x(x - 1) = 0$ から，$x = 0,\ 1$
よって，点 P の x 座標は 1 で，$y = \dfrac{3}{2}x$ に $x = 1$ を代入して，$y = \dfrac{3}{2} \times 1 = \dfrac{3}{2}$ より，$\mathrm{P}\left(1,\ \dfrac{3}{2}\right)$

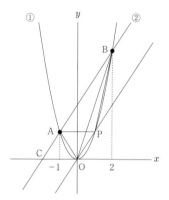

(3) 右図のように，②と x 軸の交点を C とおく。$y = \dfrac{3}{2}x + 3$ に $y = 0$ を代入して，$0 = \dfrac{3}{2}x + 3$ より，$x = -2$　よって，C$(-2,\ 0)$　また，A$\left(-1,\ \dfrac{3}{2}\right)$，B$(2,\ 6)$　求める立体は，底面の半径が 6 で高さが，$2 - (-2) = 4$ の円錐から，底面の半径が $\dfrac{3}{2}$ で高さが，$-1 - (-2) = 1$ の円錐と，底面の半径が $\dfrac{3}{2}$ で高さが 1 の円錐と，底面の半径が 6 で高さが 2 の円錐を除いた立体だから，$\dfrac{1}{3} \times \pi \times 6^2 \times 4 - \dfrac{1}{3} \times \pi \times \left(\dfrac{3}{2}\right)^2 \times 1 - \dfrac{1}{3} \times \pi \times \left(\dfrac{3}{2}\right)^2 \times 1 - \dfrac{1}{3} \times \pi \times 6^2 \times 2 = \dfrac{45}{2}\pi$

5 (1) 正方形 ABCD は，y 軸について対称になるから，CO $=$ DO $= 8 \div 2 = 4$　よって，点 A の x 座標は 4。

(2) A$(4,\ 8)$だから，$y = ax^2$ に，$x = 4$，$y = 8$ を代入して，$8 = a \times 4^2$ より，$16a = 8$　よって，$a = \dfrac{1}{2}$

(3) 右図のように，点 F から x 軸に垂線 FH を下ろすと，EH：HO ＝ EF：FG ＝ 2：1 だから，HO ＝ EO × $\dfrac{1}{2+1} = \dfrac{1}{3}$ EO ＝ 2　よって，点 F の x 座標は－2 だから，F（－2，2）

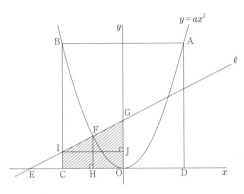

となる。2 点 E，F の座標より，直線 ℓ の傾きは，$\dfrac{2-0}{-2-(-6)} = \dfrac{2}{4} = \dfrac{1}{2}$　直線 ℓ の式を，$y = \dfrac{1}{2}x + b$ と

おいて，点 E の座標の値を代入すると，$0 = \dfrac{1}{2} \times (-6) + b$ より，$b = 3$　よって，直

線 ℓ の式は，$y = \dfrac{1}{2}x + 3$

(4) 直線 ℓ と BC との交点を I とし，点 I から y 軸に垂線 IJ を下ろすと，できる立体は，前図の斜線部分である四角形 GICO を y 軸の周りに 1 回転させてできる立体で，これは，底面が半径 IJ の円で高さが GJ の円錐と，底面が半径 CO の円で高さが JO の円柱を合わせた形になる。$y = \dfrac{1}{2}x + 3$ に，$x = -4$ を代入すると，$y = 1$ だから，I（－4，1），J（0，1）　また，直線 ℓ の切片より，G（0，3）だから，求める体積は，$\dfrac{1}{3} \times \pi \times$

$4^2 \times (3 - 1) + \pi \times 4^2 \times 1 = \dfrac{32}{3}\pi + 16\pi = \dfrac{80}{3}\pi$

6 (1) $y = \dfrac{1}{2}x^2$ に，$x = -2$ を代入して，$y = \dfrac{1}{2} \times (-2)^2 = 2$　よって，A（－2，2）

(2) $x = 0$ で最小値 $y = 0$ をとり，$x = -3$ で最大値，$y = \dfrac{1}{2} \times (-3)^2 = \dfrac{9}{2}$ をとる。よっ

て，$0 \leqq y \leqq \dfrac{9}{2}$

(3) $y = \dfrac{1}{2} \times 4^2 = 8$ より，B（4，8）となるから，台形 ACDB の面積は，$\dfrac{1}{2} \times (2 + 8) \times$

$6 = 30$　よって，$\triangle$BDE ＝ $30 \times \dfrac{1}{2+1} = 30 \times \dfrac{1}{3} = 10$ となる。点 E の x 座標を t

とし，$\triangle$BDE の面積を BD を底辺として表すと，$\triangle$BDE ＝ $\dfrac{1}{2} \times 8 \times (4 - t) = 16 -$

$4t$　よって，$16 - 4t = 10$ より，$t = \dfrac{3}{2}$　直線 AB の傾きは，$\dfrac{8-2}{4-(-2)} = 1$ だから，

$y = x + b$ とおき，A の座標の値を代入すると，$2 = -2 + b$ より，$b = 4$　よって，直線

AB の式は，$y = x + 4$ だから，点 E の y 座標は，$y = \dfrac{3}{2} + 4 = \dfrac{11}{2}$ で，E$\left(\dfrac{3}{2}, \dfrac{11}{2}\right)$

(4) 右図のように，直線 AB と x 軸との交点を G とする。四角形 ACDF を x 軸を軸として 1 回転させてできる立体は，底面が半径 FO の円で高さが DO，GO の 2 つの円錐を合わせた立体から，底面が半径 AC の円で高さが GC の円錐を除いた立体となる。(3)より，F (0, 4)　また，$0 = x + 4$ より，$x = -4$ だから，G $(-4, 0)$　よって，求める体積は，$\left(\dfrac{1}{3} \times \pi \times 4^2 \times 4\right) \times 2 - \dfrac{1}{3} \times \pi \times 2^2 \times 2 = \dfrac{128}{3}\pi - \dfrac{8}{3}\pi = 40\pi$

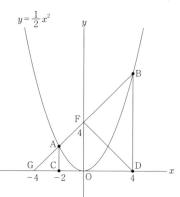

7. いろいろな事象と関数

1 (1) 40　(2) (10 時) 45 (分)　(3) (10 時) 28 (分)

2 (1) 9 (倍)　(2) 13 (秒後)

(3) (グラフ) (右図)　$\dfrac{10}{3}$ (秒後)

3 (1) 9 (cm²)　(2) $y = -\dfrac{3}{2}x + 30$　(3) 65

4 (1) 5080 (円)　(2) $1200 < a < 1320$

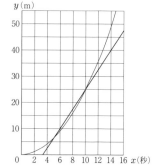

◇ 解説 ◇

1 (1) グラフより，10 時から 20 分間で 800m 進んでいるから，$a = 800 \div 20 = 40$

(2) B さんが進むようすは，右図のようになる。2 点(10, 1800)，(55, 0) を通るから，傾きは，$\dfrac{0 - 1800}{55 - 10} = -\dfrac{1800}{45} = -40$　式を $y = -40x +$

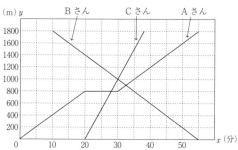

b とおいて，$x = 55$，$y = 0$ を代入すると，$0 = -40 \times 55 + b$ より，$b = 2200$　よって，$y = -40x + 2200$　また，A さんと B さんが出会うのは，図より，$x \geqq 30$ のときで，このときの A さんが進むようすを表すグラフの式を $y = 40x + c$ とおくと，$x =$

30, $y = 800$ を代入して，$800 = 40 \times 30 + c$ より，$c = -400$　よって，$y = 40x -$ 400　10 時 t 分に，A さんと B さんの距離が 1000m になったとすると，$40t - 400 -$ $(-40t + 2200) = 1000$ が成り立つ。これを解いて，$t = 45$

(3) C さんが進むようすは，前図のようになる。このグラフの式を $y = 100x + d$ とおくと，点 $(20, 0)$ を通ることから，$0 = 100 \times 20 + d$ より，$d = -2000$　よって，$y = 100x - 2000$　C さんは，A さんが Q 地点で休んでいるときに追いついているから，$100x - 2000 = 800$ より，$x = 28$　したがって，10 時 28 分。

2 (1) y は x の 2 乗に比例しているから，x の値が 3 倍になると，y の値は，$3^2 = 9$（倍）になる。

(2) B さんについて，ボールが転がり始めてから x 秒後の P 地点からの距離は，$\left(65 - \dfrac{7}{4}x\right)$m と表せる。ボールと B さんが出会うとき，ボールと B さんは同じ場所にいるから，$\dfrac{1}{4}x^2 = 65 - \dfrac{7}{4}x$ が成り立つ。整理して，$x^2 + 7x - 260 = 0$　左辺を因数分解して，$(x + 20)(x - 13) = 0$ より，$x = -20, 13$　$x > 0$ だから，$x = 13$　よって，13 秒後。

(3) グラフは傾きが $\dfrac{15}{4}$ で点 $(10, 25)$ を通る直線になる。$y = \dfrac{15}{4}x + b$ として，$x = 10$, $y = 25$ を代入すると，$25 = \dfrac{15}{4} \times 10 + b$ より，$b = -\dfrac{25}{2}$　よって，この直線の式は，$y = \dfrac{15}{4}x - \dfrac{25}{2}$　これに $y = 0$ を代入して，$0 = \dfrac{15}{4}x - \dfrac{25}{2}$ より，$x = \dfrac{10}{3}$

3 (1) AP = 6 cm，PQ = 3 cm の直角三角形だから，$\triangle APQ = \dfrac{1}{2} \times 3 \times 6 = 9$（cm^2）

(2) 2 点 $(10, 15)$，$(20, 0)$ を通る直線の傾きは，$\dfrac{0 - 15}{20 - 10} = -\dfrac{3}{2}$　求める式を $y = -\dfrac{3}{2}x + b$ とおき，$x = 20$，$y = 0$ を代入して，$0 = -\dfrac{3}{2} \times 20 + b$ より，$b = 30$　よって，$y = -\dfrac{3}{2}x + 30$

(3) x 秒後の $\triangle APQ$ の面積 y cm^2 と四角形 BCSR の面積 y cm^2 のグラフは右図のようになり，$\triangle APQ$ の面積と四角形 BCSR の面積が 3 回目に等しくなるのは，$60 \leqq x \leqq 70$ のときとなる。このとき，$\triangle APQ$ の式は，$y = \dfrac{3}{2}x - 90$，四角形 BCSR の式

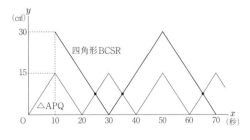

は $y = -\dfrac{3}{2}x + 105$ と表せる。したがって，t 秒後に面積が等しくなるとすると，$\dfrac{3}{2}t - 90 = -\dfrac{3}{2}t + 105$ が成り立つから，これを解いて，$t = 65$

4 (1) グラフより，水道料金が等しくなるのは，$x \geqq 20$ のときである。この範囲でのヒバリ市のグラフは，$y = 170x + b$ と表せる。$x = 20$ のとき，$y = 620 + 140 \times 10 = 2020$ だから，$2020 = 170 \times 20 + b$ より，$b = -1380$ で，$y = 170x - 1380$　また，リンドウ市のグラフは，$y = 110x + 900$　この 2 式を連立方程式として解くと，$x = 38$，$y = 5080$　よって，求める水道料金は 5080 円。

(2) このときの x と y の関係式は，$y = 80x + a$ と表せる。リンドウ市では，$x = 10$ のとき $y = 2000$ だから，最初の条件について，$80 \times 10 + a > 2000$　よって，$a > 1200$　また，使用量が $30\mathrm{m}^3$ ときの水道料金はヒバリ市のほうが安く，$170 \times 30 - 1380 = 3720$（円）　よって，2 番目の条件について，$80 \times 30 + a < 3720$ だから，$a < 1320$　したがって，求める範囲は，$1200 < a < 1320$